ひょうごのロングセラー100

神戸新聞経済部・編

兵庫県ならではのバリエーション

日本総合研究所 主席研究員　藻谷 浩介

「ひょうごのロングセラー」と聞いて、「あの兵庫県だからな」と予想はしていた。それでも実際に記事をめくってみて、そのバリエーションの豊かさには、改めて驚かされた。工場関係者の目にしか触れることのない部品や機械器具から、なじみの生活雑貨まで。世界に通じる本当の高級品から、路地裏の庶民を助ける本当のお値打ち品まで。その店の周辺の人たちだけが知っている超ローカルスナックから、私の世代の日本育ちであれば誰でも食べたことのあるビスコまで。兵庫県の育んできた産業の多様さと、それを長い間支えてきた地元市場の文化性の高さに、私はしばし感じ入ったのである。

同じ企画を大阪府で行えば、どうしてももっと、コテコテの庶民文化の世界に商品が偏ってしまうのではないか。京都府で行えばやはり伝統分野に偏りそうだ。東京都で行えば、江戸風の下町限定の商品と、逆に世界のどこにでも売られていくような「地元の臭いのしない」

商品に、話が二極分化してしまうように感じる。たとえばファミリアのような、世界の高級ブランドでありながらいかにもミナト神戸の香りのするような商品は、かえって東京では見つけにくいように思うのだ。ではミナト横浜のある神奈川県ではと言えば、横にある東京の影響を受けすぎて地域性が薄まっている分、残念ながらこれだけの数の個性ある商品は集まらないだろう。

廃藩置県の際に、摂津国西端の開港場である神戸港と兵庫港の活性化を狙った明治政府は、当時最大の輸出品であった絹織物を持つ但馬国と丹波国（の一部）、海運業者の多い淡路国、港湾整備費用を調達するのに好適な豊かな播磨国をくっつけて、兵庫県を形成した。おかげで播磨は損をしたとはよく言われるところだし、但馬や丹波も日本海側で独自の県を形成した方がより発展したかもしれない。だがその結果としてそれまでの日本にはなかったもの2つ、すなわち国際的な文化の根付く大都市・神戸と、たいへんに多様な自然環境、産品、地域文化を持つ宝石箱のような県・兵庫県が出来上がったのである。県庁の置かれなかったことが、世界遺産・姫路城の保存や、出石や篠山の城下町の保全につながった面もあろうかと思う。

東京の産業発展は、関東地方の周辺各地の均質化を進め、地元らしい面白いものを失わせていった面がある。しかし神戸の発展は、他の県内各地の個性を殺さず、むしろ際立たせる面があった。神戸の住民が県内各地の幸の価値を理解し、購入あるいは訪問し、賞味して、その維持に貢献したことは、評価に値するのではないだろうか。古事記に出てくる淡路、聖徳太子ゆかりの播磨が典型だが、県内各地の歴史が関東地方に比べてはるかに古く、それぞれの個性が開港場の影響程度では消えない、はるかに根強いものだったことも、もちろん大きかった。

ひょうごのロングセラーとして紹介される品は、これからどこまで増えていくのだろうか。兵庫県が今のように多様な県として、人の活力ある県として続く限り、今後も無数の工夫が行われ、その中からまた新たなロングセラーも選ばれ続けていくのに違いない。50年後の連載を先取りして読むことの出来ないのが残念だが、まずはこの本を手に、今ある品々を探訪して歩くことで良しとしよう。兵庫県の今とこれからに、ますます幸あらんことを願いつつ。

ひょうごのロングセラー100　目次

神戸スイーツの立役者

薄力粉「宝笠」

増田製粉所

　神戸にはさまざまなスイーツがある。フィナンシェ、バウムクーヘン、パイ、ケーキ……。その大半が増田製粉所（神戸市長田区）の薄力粉「宝笠《たからがさ》」で作られている。名だたる製菓業者らに「これがないとお菓子はできない」と言わしめる立役者だ。

「シルクのような光沢ときめ細かさは他の小麦粉にない」と武政亮佐《たけまさりょうすけ》社長。気になる製法は「企業秘密」なのだそうだ。

商品名について「桃太郎が鬼ヶ島から持ち帰った『宝笠』に由来するのでは」と話す武政社長＝神戸市長田区梅ケ香町1、増田製粉所

宝笠の商標登録は1907（明治40）年。だが、現在の土台ができたのは、戦後の食糧難の時期だという。長崎の菓子会社と取引があったため、栄養価の高い卵を使ったカステラに着目した。軽い仕上がりになるよう研究を重ね、独自の粉を開発。瓦せんべいや有馬名物の炭酸せんべいに使われるようになり、高級薄力粉として製菓業界に浸透していった。

現在、宝笠印の薄力粉は4種類あるが、大手洋菓子メーカーは自社専用の宝笠を特注する。「しっとり、サクサク、ふっくら。顧客の求める食感や膨らみに応じて基本の製法に一手間加える」。特注には一定の量が必要となるため、「商品が売れて宝笠で自社粉をつくってもらうのが夢」と語る洋菓子職人は多い。

昨今は、パン用粉の開発にも意欲的だ。武政社長は「神戸はパンの消費量が多く、店の数も多い。おいしくできる粉ができれば」。新たなロングセラー誕生のため、縁の下から支え続ける。

（末永陽子　2012年11月21日）

増田製粉所

1906（明治39）年創業。創業者の増田増蔵氏が米国産小麦を輸入し、製粉事業を開始。約100種類を製粉し、売上高の約7割を薄力粉が占める。2009年、日東富士製粉（東京）と資本・業務提携。2016年3月期売上高（単体）は61億4700万円。従業員82人。

琥珀色に輝く伝統の味

水あめ

琴城《きんじょう》ヒノデ阿免《あめ》本舗

口に入れた瞬間、香ばしい甘さが広がる。含んでいると、しっとりとのどが潤ってくる。お坊さんや落語家、舞台芸人など仕事で声を出す人たちに愛され続けてきた。

創業は明治初期。「まだちょんまげさんがいたころ」と話すのは4代目店主の久保勝さん。かつてあった尼崎城の近くに立ち、別名の琴城が社名に付く。

水あめに砂糖を加えて固めたあめを製造、販売していたが、得意先に頼まれて原材料の「水あめ」を分けたところ、評判を呼んだ。約40年前に久保さんの代から水あめも商品化した。

原料は米のみ。砂糖は使っていない。蒸した米を麦芽で発酵させてうま味を出し、それを搾った汁を丁寧に煮詰める。おかゆのような乳白色の汁は次第に色が変わり、琥珀《こはく》色に輝く水あめになる。米が水あめになるまで2日半かかるという。

幾度か機械化を試みたが、手作業に戻した。室温や湿度が刻々と変わるので、その都度、水あめの〝表情〟を読み、火加減や時間を調節する。「目を離すとだめ」と久保さん。そのさじ加減は数字では表せない。

宣伝は一切していないが、最近は、幼い

子どもの手を引いて店を訪れる母親の姿も。妻の恵美子さんは「香料や保存料などは一切加えていないからね。近代的な製法に変えなかったのが、かえってよかったかな」とほほ笑む。昔ながらの手作りが、安全・安心を求める現代人の心をしっかりと捉えていた。

（鎌田倫子　２０１４年４月９日）

丁寧に煮詰めた水あめ。のどにも優しい＝尼崎市開明町１、琴城ヒノデ阿免本舗

琴城ヒノデ阿免本舗

従業員５人。売上高は非公表。水あめは260グラム入り1100円。あめは１袋４個入りが５袋で550円、10袋千円。近所の小学生だけに１袋90円でばら売りしている。

TEL 06・6411・0340

湧き水で上品な味に

藤色の生餡

■池田製餡所

しっとりとした藤色の粉から、炊きたての小豆のいい香りが漂う。

北海道産の「しゅまり」という品種の小豆を使った生餡《なまあん》。これに砂糖と水を加えて炊くと、こしあん（加糖餡）になる。

「しゅまりは生産量が少なく値段も高いが、きれいな藤色と上品な味で高級な和菓子に好んで使われます」。創業60年を超える池田製餡所（神戸市西区）の3代目社長、池田直史さんが話す。

和菓子店がコンビニやスーパーに対抗して高級化を進める動きに合わせ、15年ほど前に父で会長の勲さんが生餡の製造・販売を始めた。大釜で1時間半ほど炊いて皮などを取り除き、1時間ほど水にさらし布袋に入れて圧搾機にかける。得意先に徐々に浸透し、今では神戸市内をはじめ、関西や中国地方一円に卸すほどになった。

同社は1950（昭和25）年、祖父の彦一さん（故人）が神戸市兵庫区で創業。米問屋に長く勤めていたが、先輩に「パン屋を始めるから、あんこを作らないか」と誘われたのがきっかけだった。

米問屋時代の納入先である和菓子店主らに手ほどきを受け軌道に乗せた。そして

1965（同40）年、より質の高い製品を目指して、現在の西区櫨谷町松本へ移った。県内の代表的な湧き水の一つ「松本の自噴泉」に引かれた。

「生餡は製造に大量の水を使い、水分量も多いため、水で味が決まる」と池田さん。厳選した原料と豊かな湧き水が醸し出す味を引き継いでいく。

（松井　元　2013年3月20日）

藤色と白色の生餡を手にする池田直史社長
＝神戸市西区櫨谷町松本

池田製餡所

藤色や白色の生餡のほか、地元産米粉を使った「ういろう」などを製造販売。生餡の小売価格は1キロ700～千円（税込み）。資本金500万円。2015年8月期の売上高は約1億円。従業員15人（パート含む）。

歯ごたえと風味が人気

ジャイコーン

サンナッツ食品

ボリッ、ボリッ、ボリッー。かみしめるほどに甘みと香ばしさが口の中に広がり、ついついお酒が進んでしまう。1粒のサイズが通常の4倍もあるトウモロコシのおつまみ。バーなどで出されるミックスナッツの中で、ひときわ存在感のある〝あれ〟だ。

ナッツ輸入加工卸、サンナッツ食品（神戸市灘区）の「ジャイコーン」。原料はペルー原産の大粒の品種で、天日干しの状態で届いたものを、同社独自の方法で洗浄処理して、素揚げする。アーモンドやピーナッツなど、ほかのナッツ類に比べて加工時間は4倍もかかるが、この手間がちょうどいい歯ごたえと風味を生む。

実は、日本で初めて輸入し、加工に成功したのが同社だ。約40年前、創業者の鈴木勗《つとむ》会長が営業で米国に出張した際、飲食店で食べられているのを見つけた。何粒かを持ち帰り、商社の担当者に調査と仕入れを依頼。数年間、試行錯誤を重ね、今の製法にたどり着いた。

同業の大手や菓子メーカーなどに納品し、現在、国内シェア75％を誇る。「4粒食べたら3粒はうちのやね」と種橋伯子《のりこ》専務。近年は、カレー粉やからしマヨネーズなどで味付けした商品も人気だ。鈴木泰一社長は「トウモロコシを使ったお菓子はたくさんあるが、原料をそのままの形で加工したものは珍しい。素材を丸ごと楽しんでほしい」と話している。

（中務庸子　2015年5月27日）

※鈴木昜さんは2015年8月に死去。

「粒は大きいけど、本体の大きさは普通のトウモロコシと変わらないんです」と話す社長の鈴木泰一社長＝神戸市灘区都通1

サンナッツ食品

1967（昭和42）年、神戸市兵庫区で創業。1973（同48）年現在地に本社移転。ナッツや穀類、ドライフルーツの輸入、加工、卸を手がけ「ジャイコーン」の年間生産量は約1千トン。従業員約50人。2016年2月期の売上高は18億500万円。

大粒いかり豆

塩加減と食感、即納人気

■有馬芳香堂

揚げたてをつまむと、サクサクの歯触りにほのかな塩加減。油がべとつかず、もう一つ―と、自然に手が伸びた。有馬芳香堂（兵庫県稲美町）の有馬英一社長は「当社の大粒いかり豆は、皮ごとでも食べられる。『ほかにない食感』と、販路が全国に広がっています」。

ソラマメを油で素揚げした菓子。加熱による破裂を防ぐため皮に切れ込みを入れると、周辺の皮がくるりと逆立つ。その姿が船のいかりのように見えたことから、ミナト神戸の周辺で命名されたとも伝わる。同社は１９２１（大正10）年の創業だが、遅くとも昭和初期には扱っていたという。

直径２～３センチの中国・青海省産を使う。３～４日水につける間、かき混ぜてはあくの広がった水を取り換える。膨らんだ豆の皮に切れ目を入れ、菜種とコーンのブレンド油で十数分揚げた後、機械でしっかり油を切る。赤穂の塩を満遍なくまぶせば出来上がる。

２０１２年に工場を建て替え、最新鋭設備で生産能力を増強した。それまでは職人の勘に頼る部分が大きかったが、水温や室温、気温などをデータ化し、品質の安定につなげている。

製造3日以内に量販店などに納める「工房直送便」も好評で、リピーターが急増。売り上げを2011年度からの3年で63％増の64万2千袋に伸ばした。有馬社長は「手間のかかる商品で」と苦笑しながら「もっとおいしく。『いかり豆は有馬が日本一』と言われたい」。（佐伯竜一　2015年12月2日）

「いかり豆は有馬芳香堂のベース」と、有馬英一社長。「子どもたちのおやつのニーズも増えているよう」と目を細める＝兵庫県稲美町加古

有馬芳香堂

有馬英一社長の祖父で、創業者の嘉馨(よしか)氏の名をもじって社名とした。豆菓子のほか、ナッツやドライフルーツも扱う。パート含め約60人。2016年2月期の売上高は約17億4900万円。
TEL 079・492・0055

危機乗り越え生産拡大

もちむぎ麺

■もちむぎのやかた

名の通りのもっちりとした食感。鍋のしめの麺にも向いている。「煮込んでも煮崩れせず、粒子が粗いから、だしとよくからむ」。兵庫県福崎町特産のもちむぎ麺を製造する「もちむぎ食品センター」の植岡進也専務は特徴をそう表現する。

モチムギは日本古来の雑穀。米余りに伴う転作作物として1980年代から復活の動きが強まった。麺の研究も始まり、1990年に町や農協、商工会などが出資して同センターを設立。1995年に販売拠点の「もちむぎのやかた」が開館した。町内で栽培から加工、販売を行う。6次産業の先駆モデルとして評価も高いが、「厳しい時代を乗り越えて今がある」と植岡さん。

開館当初はにぎわったが、2年すると人気は下火に。在庫を抱え、2000年度から2年間、種子確保以外の栽培を中止せざるを得なくなった。

需要拡大へ菓子や焼酎など新製品開発を強化する一方、地元女性らはモチムギを使った弁当販売で地産地消を進めた。

そんな取り組みに追い風が吹いている。含有するベータグルカンへの注目が高まっているからだ。免疫力の向上効果などがマスコミで取り上げられるたびに、新しい客が全国から訪れる。

引き延ばした麺と麺が付かないように箸でさばく作業＝福崎町西田原、もちむぎのやかた

栽培は２０１０年度の10ヘクタールから２０１５年度は35ヘクタールに拡大。しかし、冬の時代を知る植岡さんは自然体を強調する。「お客さんはモチムギの良さをよく分かっている。期待に応えるために技術を磨き、自分たちのできる形でやっていきたい」。

（辻本一好　２０１６年３月２日）

もちむぎのやかた

もちむぎ麺は年間約40トンを生産。製造工程が見学できる。レストランもある「もちむぎのやかた」の従業員は24人。半生麺（4人前）は1029円（税込み・送料別）。人気のもちむぎどら焼きなど約20製品を販売。

TEL 0790・22・0569

中華麺に和風だしの妙

えきそば

■まねき食品

ＪＲ姫路駅のホームに降り立つと、独特のだしの香りに誘われる。中華麺なのに和風だしという珍しい組み合わせで知られる「えきそば」だ。

発売は１９４６（昭和21）年。当時、麺はうどんだった。汽車が石炭や水を補給するため停車している間、売り子たちは首からトレーを提げて、うどん鉢を載せて乗客に売り歩いていた。だしはポットに入れて注文を受けてから注いでいたという。

中華麺になったのは１９４９（同24）年。当時は保存料がなく、うどんは日持ちしなかった。そこで中華麺に切り替え、炭酸カリウムなどを含んだ「かん水」を加えて販売を始めた。

いっそラーメンに変えようという話も社内で持ち上がったが、だしの評判が良く、中華麺に和風だしという形が続いてきた。「当時、だしがホームの端から端まで香っていたそうです」と管理部統括マネジャーの竹田和義さん。

時代とともに食べるスタイルも変わってきた。今は２００８年に駅が高架化し店内での立ち食いだが、それまでは、店の外側に付いたカウンターに器を置いて、客はホームで立って食べていた。10年以上前までは、電車内に持ち込んで食べる人もいたという。

「駅で立って食べるから、妙にうまい。食べる環境が最大の料理人」と竹田さん。

語り継がれる庶民の味は今も、多くの人の胃袋をつかんで離さない。

（井垣和子　2013年1月30日）

注文から20秒もすれば出来上がる「えきそば」。早さも売りの一つ＝ＪＲ姫路駅

まねき食品

1888（明治21）年、山陽鉄道（現JR西日本）姫路駅の開業時に駅弁屋として創業。売上高26億1千万円。従業員約380人。えきそばは1970年代前半には1日1万食売れたことも。JR加古川駅とJR元町駅などにも出店。天ぷらときつねは各360円。

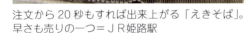

子どもの成長支え60年

給食用コッペパン

■原田パン

ふっくらした手触り。食べると、しっとりとした食感が口の中に広がる。

「香ばしいでしょ。毎朝3時から作業を始めて焼いていますから」。原田パン（神戸市長田区）の原田富男社長が笑顔で話す。

学校給食用のコッペパン。始めたのは1956（昭和31）年。前日ではなく、早朝に焼くようにしたのは約40年前だ。「育ち盛りの子どもたちに、おいしいパンを届

給食用パンを手にする原田富男社長。店内には喫茶コーナーもある＝神戸市長田区六番町7

けたい」。義父で創業者の増太郎さん（故人）のこだわりがベースにある。

現在、神戸市長田区や須磨区などの小学校25校に、学年に応じて大きさの違う3種類のパンを、1日に5千個ほど届けている。「規定があり材料は他社と同じ。おいしさは生地の出来具合で決まる」と原田社長。温度や湿気でパン生地の状態は変わる。例えば暑い夏場はすぐに膨らむため、職人のチェックが欠かせない。「耳たぶくらいの柔らかさが程よい」という。

もう70年近く営業を続けてきたが、最大の危機は阪神・淡路大震災だった。本社の店舗と工場が全壊した。幸いにもオーブンなど一部の機械は無事だった。震災の朝、出来上がっていたパンは病院に届けられ患者の命をつないだ。「一日も早く再開して」との声に後押しされて、2月上旬には仮設で店を開けた。

「牛すじぼっかけパン」や「そばめしロール」など地元・長田にこだわった新商品にも力が入る。おいしいパンを届け続けたい――。思いは一つだ。

（桑名良典　2015年2月25日）

原田パン

1946（昭和21）年に神戸市兵庫区で創業。2年後に同市長田区の長田神社前の商店街に店を構えた。社員はパートを含めて約70人。売上高は約3億円。同区内に本社と名倉店の直営2店舗。学校給食では米飯も手掛けている。

大河ドラマから〝命名〟

源氏パイ

■三立製菓

その名は、NHKの大河ドラマに由来する。

1963（昭和38）年、パイ生地を使った焼き菓子の量産に三立《さんりつ》製菓（浜松市）が国内で初めて成功した。日本人向けにあっさりとした味への改良を重ね、1965（同40）年の発売が決まった。「西洋の菓子だが、商品名は日本風の味が分かるように」と会議で注文がついた。

折しも、国民的テレビドラマだったNHK大河ドラマの4作目が「源義経」と発表された。当時23歳の尾上菊之助（七代目尾上菊五郎）の主演も話題だった。

「これだ！」

愛らしいハート形の新商品は「源氏パイ」に決まった。原料は小麦粉、マーガリン、砂糖と至ってシンプル。飽きのこない味がロングセラーの秘密だ。

販売が拡大し、パイ専用の新工場用地を西日本で探していたところ、氷上郡柏原町（現丹波市）にあった。1984（同59）年に兵庫工場を開設して以来、源氏パイは全量が「丹波産」となった。

「パイは温度管理が難しい」。工場長の古《こ》山《やま》哲也さんはこの道40年。工程中の温度変化で生地が伸び縮みしても、約7センチにぴたりと焼き上げる。小麦粉をこね始めてから袋詰めに至る約2時間、「小まめに温度調節する手法は、最大の企業秘密」と明かす。

大河ドラマ「平清盛」が放送された2012年、満を持して「平家パイ」を発売した。視聴率は低迷したが、「こちらの売り上げは順調です」（同社企画開発部）。

（高見雄樹　2012年12月19日）

「シンプルな菓子だけに温度と味の管理が難しい」と話す古山工場長。工場は毎日2交代でフル生産が続く＝丹波市柏原町大新屋、三立製菓兵庫工場

三立製菓

1921（大正10）年、浜松市でコンペイトーの製造を開始。1924（同13）年にビスケット、1937（昭和12）年には乾パンも手掛ける。「チョコバット」「かにパン」などでも有名。2012年3月期の売上高は約100億円、従業員360人。兵庫工場では年間3千トンを生産する。

幸福運ぶ伝統の甘み

ミミパイ

フロインドリーブ

「豚の耳」という名前から、どんなお菓子を想像するだろう。

神戸の老舗パン店、フロインドリーブ（神戸市中央区）のパイ菓子「シュヴァイネオーレン」。厚みのある生地とサクサクとした食感、芳醇《ほうじゅん》なバターの風味、甘み……。もともとはドイツの伝統菓子という。

独語で「豚の耳」を意味するが「ミミパイや大ミミ、小ミミの通称の方が浸透して

「一番人気の中ミミは、常連客からの要望で生まれた」とヘラさん＝神戸市中央区生田町４、フロインドリーブ

いるようです」と、ヘラ・フロインドリーブ上原社長。当地では豚が幸福を運ぶとされ、垂れ下がった耳に形が似ていることから名付けられた。

パンなどと店頭に並んだのは創業した1924（大正13）年ごろ。その後、ヘラさんの父で、2代目の故ハインリッヒさんが、現在のレシピを完成させた。

生地は小麦粉とバター、塩、水。シンプルだが、小麦粉もバターも同社専用の特注品を使う。粉は「生き物のよう。山積みして下の粉が窒息すると味が落ちるから」と一度に大量生産しない。バターも熊本県から毎週冷蔵トラックで運ぶ。

多いときで1日約5千枚を製造する。職人がれんが釜で手焼きするのは創業当時と同じ。「形はふぞろいでも、たっぷりのバターと手焼きで生まれる味を守りたい」と、ヘラさん。

材料もレシピも公開し「企業秘密はありません。おいしいお菓子が増えれば、笑顔も増える」。異国の伝統的な菓子は海と時代を超えて、甘い〝口福〟を届けている。

（末永陽子　2013年2月27日）

フロインドリーブ

1924（大正13）年、初代ハインリッヒが神戸でパン店を始め、神戸大空襲や阪神・淡路大震災で店舗の移転を余儀なくされた。1999年に旧神戸ユニオン教会を改装し、今の店舗に。パンは吉田茂首相が毎週東京まで取り寄せたとの逸話も残る。

息づく「職人魂」商品に

神戸ガトー倶楽部

■エーデルワイス

「いま思うと、豪華なメンバーが手掛けた」。エーデルワイス（神戸市中央区）執行役員の山本憲司さんが振り返るのは、主力ブランド「アンテノール」が1985（昭和60）年に発売した焼き菓子の詰め合わせ「神戸ガトー倶楽部」だ。

菓子づくりに参画したのは、津曲《つまがり》孝さん、牧野眞一さん、山田亨《とおる》さん。3人は当時、社長だった比屋根《ひねや》毅さん（現会長）の下で

有名パティシエが開発した「神戸ガトー倶楽部」を持つ執行役員の山本憲司さん＝尼崎市尾浜町1、エーデルワイス本部センター

修業の日々。師弟は固い絆で結ばれ、業界で「比屋根組」と呼ばれる。

後に津曲さん、牧野さんは一家をなし、それぞれケーキハウス・ツマガリ(西宮市)、ムッシュマキノ(大阪府豊中市)を経営。山田さんはエーデルワイスでグランシェフパティシエを務める。

1985年当時、アンテノールブランドでギフト商品のヒットがなく、銀座三越店(東京)では売り場を減らされるなど苦境にあった。比屋根さんは「ブランドを知らしめる商品を」とハッパを掛け続けた。

同店の店長だった山本さんが当時の津曲さんらに開発を呼び掛けた。3人がこだわったのは「創作菓子」。洋菓子に和の素材を使うなど斬新な4品を生み出した。商品名に「洋菓子の街・神戸」を前面に打ち出し発売すると、「工場がひっくり返る」ほどの評判に。アンテノールの礎を築いたという。

それから30年あまり。商品はリニューアルを繰り返し、内容は変わった。しかし、不変の「職人魂」は、いまも息づいている。

(土井秀人 2013年4月3日)

エーデルワイス

1966(昭和41)年創業。アンテノールやヴィタメール、ルビアンなどの7ブランドがある。グループの売上高は2016年3月期で143億円。創業50周年を記念して2016年秋にアンテノールは包装紙などのデザインを一新。

食感あつあつふわふわ

デンマークチーズケーキ

■観音屋

マドレーヌ風スポンジケーキの上から、あつあつに溶けたチーズが落ちる。ナイフとフォークで口に運ぶと、ふわふわ。チーズの塩味が、スポンジの控えめな甘みを引き立てる。神戸・元町で喫茶を営む観音屋の看板メニューだ。入社20年余りという営業部長、日野健さんは「古いファンが多く、昔の逸話を教えてもらうんです」。

1970年ごろ、現社長の祖父が創業した。チーズ料理が今ほど広まっていない時代、日本人が好むソフトな味わいで、加工しやすいデンマーク産を仕入れ、チーズケーキやチーズフォンデュを客に振る舞った。

チーズケーキは創業者が北欧旅行の際、列車内で食べた味を再現したといわれる。「家でも食べたい」との声が相次ぎ、1980年ごろから持ち帰りを始めた。芸能人のファンも少なくない。

登場以来、味は変えていない。材料は小麦粉とベーキングパウダー、少量の砂糖、卵、チーズ。チーズは違うブレンドの2種を2層に重ね、コクを出す。小麦粉も独自の配合で甘さを引き出し、焼き上がりのきめをよくしている。

1日に約5千個、年末の多い時は1万個

店では強力なオーブンで焼きたてを提供。「家庭では200度のトースターで5分程度温めれば食べごろです」とスタッフ＝神戸市中央区元町通3、観音屋元町本店

余りを手作り。1個378円は税分以外こ20年ほど据え置いている。かつて食べたデンマーク人も「デンマークにない味」と激賞したという。日野さんは「名前こそデンマークだが、味はオリジナル。神戸で育ててもらった魅力を大切に守りたい」。

（佐伯竜一　2013年4月10日）

観音屋

1975（昭和50）年に会社組織化。社名の由来は、店内にある高さ約1.5メートルの観音像。初代社長が来店客へのご利益を願って安置し、今も朝晩スタッフが磨く。兵庫県内に喫茶7カ所、持ち帰り専門店は兵庫、大阪など多数。売上高は非公表。従業員はアルバイト含め約100人。元町本店TEL 078・391・1710

手間を惜しまず守る味

ゼリー菓子「パミエ」

■ゴンチャロフ製菓

オレンジや緑、黄の鮮やかな色のゼリーが、化粧箱の中で整列している。大きさは親指の先ほどで、ドーム形などつまみやすい形状だ。表面を覆う砂糖がきらきらと光り「まるで宝石箱」というファンもいる。

ゴンチャロフ製菓（神戸市灘区）の「パミエ」は、１９７４（昭和49）年に発売。フランスの伝統的な砂糖菓子「パート・ド・フリュイ」を参考に開発した。もっちりと

「パミエ」を持つ光葉正博社長。商品の包装も発売時から変わっていない＝神戸市灘区船寺通4、ゴンチャロフ製菓

した食感に濃厚な果汁の味が特徴で「欧州ではは見慣れた菓子だったが、当時の日本ではほとんど知られていなかったようだ」と光葉正博社長。

味はレモンやオレンジ、バナナなど6種類。果汁を丁寧に炊き、味を濃縮させる。かんきつ類の皮に含まれる成分「ペクチン」を混ぜることで、冷ますとゼリー状になる。煮詰めた果汁を流し込む型枠はコーンスターチで作り、毎回、新しいものに取り換える。3日ほど乾燥させて型枠から取り出し、砂糖をまぶすと完成だ。

「気温や湿度で固まり方が変わる」ため、製造はこの道20年以上の職人が取り仕切る。材料や製法は開発時から変えていない。

発売から約40年。爆発的なヒットはなかったが、売り上げが下がることもない。20個入り1050円（税込み）で、全社の売上高に占める割合は1％ほど。光葉社長は「根強く支持されている『静かなロングセラー』。手間暇掛けて変わらぬ味を守りたい」とほほ笑む。

（土井秀人　2013年6月5日）

ゴンチャロフ製菓

ロシア人のマカロフ・ゴンチャロフ氏が1923（大正12）年に、神戸市生田区（現中央区）で創業。主力のチョコレートのほか、焼き菓子やゼリーなどを販売。従業員約300人。2015年8月期の売上高は78億円。

人気80年超の栄養菓子

ビスコ

■江崎グリコ

ふと思い出すと食べたくなるあの味。クリームサンドビスケット「ビスコ」は、江崎グリコ（大阪市）がつくる国民的な栄養菓子だ。生産はすべて神戸ファクトリー（神戸市西区）が担っている。

子どもの健康に強くこだわった創業者の故江崎利一氏が、グリコーゲン入りのキャラメル「グリコ」に続く商品として開発。酵母をクリームに練り込み、創業から11年後の1933（昭和8）年に発売した。名称は、酵母ビスケットの略語「コービス」をもじった。当時は高級品で、缶入りの進物用としても親しまれたとされる。

80年を超える歴史には、波乱もあった。1970年代、子どもの虫歯が社会問題化して菓子全体の需要が低迷。ビスコは存続の危機に立たされる。しかし1979（同54）年、開発陣が乳酸菌やビタミン、カルシウムを入れて栄養成分を強化。「体に良い菓子」としての地位を盤石なものにしてみせた。

工夫は製法にもある。生地はローラーで薄く伸ばし、4～6枚を重ねて小さく型抜き。薄い層を重ねることで食感を良くする。また、5つの温度帯に分けた50メートルのオーブンをじっくりぐらせることで、独特の柔らかさ、ふくらみを出す。

「小さな子どもからおばあちゃんまで、さまざまな方に食べていただけるのが強み」と広報担当者。

残業で小腹が空いた夜にポイと口に放り込むと、優しい酸味と甘みがじんわり広がる。その味に創業者の思いがにじむ。

（西井由比子　2015年10月14日）

熟練の担当者が、ビスケットの大きさや反り具合など焼き上がりを細かくチェックする＝神戸市西区高塚台7

江崎グリコ

1922（大正11）年創業。グリコ、ビスコ、プリッツ、ポッキーなど、ロングセラー商品を次々に生み出した。グループの生産拠点は国内に19カ所、2016年3月期の連結売上高は約3384億円、従業員数4961人。

チョコとリンゴの愛の味

ポーム・ダムール

■一番館

赤と緑のリンゴの容器が愛らしい「ポーム・ダムール」。中には、リンゴの蜜煮をくるんだチョコレートが入っている。

神戸・元町商店街にある輸入チョコレート店「一番館」の看板商品だ。岐阜県多治見市出身の故川瀬鉱一氏が1971（昭和46）年に開店するとともに同名の会社を設立。ポーム・ダムールは2年の歳月をかけて開発し、発売から40年を超えた。

「毎日味見させられて、大変でしたよ」と長男で現社長の偀男《よしお》氏は、苦笑いしながら振り返った。鉱一氏は輸入品の販売に興味を持ち、港があり外国人も多く住む神戸に移住。輸入チョコレートや雑貨の販売を始めたが、ものづくりが好きでオリジナル商品の開発を始めた。

製法は今も変わらない。リンゴを蜜につけて30分以上たいた後、1日半寝かせる。その後、石室で1日蒸し、しっとりしたリンゴにチョコを薄くかける。「甘すぎず、しつこくないのが長く愛される理由」と偀男氏。15年ほど前に陶器から透明なプラスチック容器に替え、手軽な土産としても重宝され、同社の売り上げの8割近くを占める。

商品名はフランス語で「愛のリンゴ」の意味。包み紙には「PROHIBIT」と「禁止」を意味する英語も併記。エデンの園の「禁断」の果実のイメージで使ったらしい。

ポーム・ダムールを手にする川瀬俶男社長。リンゴの容器は昔の陶器製＝神戸市中央区元町通1、一番舘

「言語が交ざっているとお客さまから指摘されることもありますが、これもまた一興かな、と」。

（西井由比子　2013年6月26日）

一番舘

元町商店街の「元町時計店ビル」3階に本店。このほか三越や髙島屋、そごう、阪神など全国の百貨店45店で販売している。従業員約50人。2015年6月期の売上高は約9億円。本店ではチョコ、クッキーなど200種類以上を販売する。

淡路島の幻の味、菓子に

あわじオレンジスティック

■長手長栄堂

淡路島には「幻のかんきつ類」と呼ばれる果物がある。「鳴門オレンジ」。島民の大半は耳にしたことがあるはずだが、実際に口にしたことのある人は少ない。ただし、この商品を除いては—。

「あわじオレンジスティック」。鳴門オレンジの果皮を砂糖漬けにし、チョコレートで覆った菓子だ。かんきつ類特有の酸味とかぐわしい香り、チョコの苦みが絶妙に調和する。

鳴門オレンジは淡路島の固有種で島のみに分布。200年以上前、突然変異したダイダイの一種を徳島藩士が見つけたのが起源とされる。1950(昭和25)年ごろ栽培の最盛期を迎えたが、甘みの強い温州みかんや米国産オレンジが普及すると、酸っぱい上、皮が厚く食べにくいため人気が低下。ほとんど栽培されなくなった。

「鳴門オレンジの皮を砂糖漬けにした郷土菓子の鳴門漬《づけ》が原形です」と解説するのは、製造元・長手長栄堂(洲本市)の長手康祐《やすひろ》社長。1994年の全国菓子博への出品に向け、父の故久雄氏が欧州菓子オレンジピールをヒントに、鳴門漬とチョコを組み合わせて開発した。見事に最優秀賞を受賞した。今では東京にある兵庫県産品のアンテナショップで、全250商品のうち最多の販売数を誇る。

「島を代表する菓子作りに携われて幸せ」

あわじオレンジスティックや材料の鳴門オレンジを手にする長手康祐社長＝洲本市本町

と笑顔を見せる長手さん。一方で鳴門オレンジ農家の高齢化が進む中、島の食文化の継承に使命を感じている。

（長尾亮太　2015年6月24日）

長手長栄堂

1930（昭和5）年創業。ケーキやゼリーなど70種類以上の菓子を扱う。あわじオレンジスティックは600円（税別）で、島内4店舗のほか大阪・梅田の阪神、阪急各百貨店でも販売。堀端本店 TEL 0799・24・1050

1年に開店3回、幻の味

シフォンケーキ

■チロル

「幻のシフォンケーキ」。洋菓子製造のチロル（神戸市灘区）のシフォンケーキは、そう呼ばれている。店舗のシャッターは閉じたまま。開店するのは正月、近くの六甲八幡神社の厄神祭、クリスマスの年3回、2日ずつだけだからだ。

というのも、同社は卸売りが中心の企業。喫茶店やレストランといった納入先は100以上あり、ホテルなどではウエディ

店頭で商品を手にする奥村卓也専務。「あっさりしていて男性にも好評です」＝神戸市灘区八幡町4、チロル

ングケーキも手掛ける。一方、一般向けは予約に限って販売しているが、広くは知られておらず、「幻」となった。

直径約22センチ高さ約13センチで4200円。ふわふわでとろけるような食感のスポンジは、焼き上げた後に温度や湿度を一定に保ち半日熟成させることで生まれる。無添加の生クリームなど素材にこだわり、すべてが手作りだ。奥村卓也専務は「シンプルな分、ごまかしがきかないケーキです」と胸を張る。

27年ほど前、取引先の喫茶店の依頼で開発した。その後、百貨店の催しで人気に火が付き、大丸や伊勢丹、髙島屋など全国の催事に招かれるようになった。大丸須磨店（同市須磨区）と伊勢丹浦和店（さいたま市）には直営店も設けた。

しかし阪神・淡路大震災で本社が被災。スポンジは全て本社で作っていたため供給ができず、直営店は閉鎖。復旧後は卸売りに注力した。正月などの販売を始めたのは1999年からだ。「普段は店を開けられず申し訳ないが、細くとも長く、チロルのケーキを提供したい」。

（土井秀人　2015年4月8日）

チロル

1988（昭和63）年設立。正月（1月1、2日）／厄神祭（1月18、19日）／クリスマス（12月23、24日）だけ開店。正月と厄神祭は1日500個程度作り、売り切れ次第終了。クリスマスは予約も可、通常は電話予約で販売。従業員10人。
TEL 078・881・2103

おしゃれな土産に定着

神戸プリン

■トーラク

駅や空港、サービスエリアなどでおなじみ。神戸の代表的な土産として定着したこのプリンは、デザート製造、トーラク（神戸市東灘区）の看板商品だ。滑らかな口溶けとシックな手提げ袋が好評で、２０１３年には発売から20周年を迎えた。

１９８９年、大阪府から神戸・六甲アイランドに本社工場を移転する際、神戸市の担当者に「神戸らしい、おしゃれな土産を作ってはどうか」と提案された。「洋菓子の街にふさわしいものを」と考えた結果、得意のプリンを選んだ。

土産である以上、常温でおいしさを作り出す必要がある。口溶けを滑らかに仕上げるため、卵と乳製品のバランスを調整。隠し味のかんきつ系リキュールや神戸ワインで味に深みを出した。殺菌処理を施し、賞味期限は常温で４カ月。３年かかって要冷蔵タイプとは違う味わいを引き出した。

こだわったのが濃緑に赤いひもがアクセントの手提げ袋。「持ち帰るまでがお土産」（同社）という考えで、気に入った紙袋を持ち歩く若い女性を意識した。

神戸プリンの売上高はここ数年、年間約15億円で推移する。節目の２０１５年、品質の国際評価機関・モンドセレクションの最高金賞を得た。「開発時に徹底追求した味が、世界で認められた」と営業企画室の担当者。「『神戸のプリン』ではなく、『神戸プリン』として選んでもらえるよう、シリーズの商品開発に力を入れたい」と意気込む。

（石沢菜々子　２０１３年10月２日）

発売 20 周年を迎えた神戸プリン。濃緑色に赤いひもの手提げ袋も人気を支えた＝神戸市東灘区向洋町西 5、トーラク

トーラク

1960（昭和35）年創業。油脂大手の不二製油（大阪府泉佐野市）の子会社で、旧社名は「東洋製酪」。吹田市にあったが、1989年に神戸へ移転し、1992年に現社名に変えた。従業員340人、売上高約105億円（2016 年３月期）。

スナック菓子の先駆け

ロミーナ

■げんぶ堂

おかきなど米菓を製造している「げんぶ堂」（豊岡市）の煎餅《せんべい》「ロミーナ」。発売から40年以上になるが、その名が売れているのは、会社のある兵庫県内より、島根、鳥取両県だ。短文投稿サイト「ツイッター」では「ロミーナって、全国区じゃないんだ」と驚く両県民のつぶやきで、ご当地ネタとして盛り上がっている。

「近畿地方ではテレビＣＭをやめてしまったのですが、山陰では今も流しているんです」と、岩本和久社長が説明する。スーパーでは当たり前のように並び、売り上げは兵庫より「圧倒的に多い」という。

父の和雄会長が１９６８（昭和43）年ごろ開発した。うるち米を使った薄焼き煎餅を、さまざまな香辛料を混ぜた「秘伝のスパイス」で、いわゆる「サラダ味」に仕上げた。スナック菓子の先駆けという。「日本人が欧州にあこがれていた時代で、当時としては珍しい味付けだった」と岩本社長。ハイカラな商品名は社内募集で決め、今でも「欧風煎餅」とうたう。

発売後すぐ、テレビＣＭを打った。スイスやエーゲ海で撮影した映像で、商品は大ヒットした。会社はその後、大手メーカーなどに押され、手作りの「おかき」が中心となったが、ロミーナには今も根強い支持がある。豊岡市出身の俳優、今井雅之さんも大ファンだったとか。

一口かじると、米の風味が広がる。どこか懐かしい素朴な味に、長年愛される秘密を感じた。

（土井秀人　２０１３年８月21日）

ロミーナを持つ岩本社長。発売当初のパッケージを復刻販売した。「レトロでかわいいと女性に人気です」＝豊岡市中陰

げんぶ堂

1951（昭和 26）年に「岩本商店」として創業。丹波篠山産の黒豆を使ったおかきなどを製造。ロミーナは「サラダ味」のほかに「カレー味」「梅味」があり、ホームページや山陰、北陸地方のスーパーで販売する。資本金 1750万円、従業員43人。

甘辛く飽きない味人気

あかしたこせん

■永楽堂

　甘辛くて飽きのこない味に、つい手が伸びる。

　明石ダコを使ったせんべい「あかしたこせん」。タコ、でんぷん粉、特製たれにコクを出すためにイカを混ぜて焼き、最後は油で揚げて香ばしさを出す。

　製造・販売を始めたのは1992年ごろ。「明石の名産となる商品を作りたかった」と、永井達也社長。当初は店頭の隅に少し並べる程度で「まったく売れなかった」という。

　しかし、1998年の明石海峡大橋の開通が転機となる。近くのサービスエリアでお土産品として置かれるようになり、一躍、人気商品に。従来、せんべいの客層は高齢者が多かったが、おつまみに適した味が若い層にも受け入れられ、全国的に名前が浸透した。

　「なぜか、ずっと昔からあったせんべいのように思っている人が多い」と、永井社長。タコの絵が印象的な包装袋は、自らデザインするこだわりぶり。「明石蛸《だこ》使用」とうたい、豊かな海の恵みを連想させる明石のイメージをフル活用している。

　たこせんを作り始める前は5店ほどだっ

あかしたこせんを手にする永楽堂の永井達也社長＝明石市西明石南町２

た店舗も、現在では明石市を中心に10カ所に展開。たこせんは、百貨店やスーパーなどでも売られ、生産量は年間約１１００万枚、売上高も約3億円に上る。

「明石にこだわった展開で地域の特産品として定着してきた」と永井社長。「今後も明石のブランド力向上に努めたい」と話す。

（松井　元　２０１３年1月23日）

永楽堂

1969（昭和44）年設立。ピーナッツせんべいや瓦せんべいなどを扱っていたが、23年ほど前に「あかしたこせん」を発売。主力商品に育てた。4枚入り120円（税別）。資本金300万円、従業員約60人（パート含む）。2016年3月期の売上高は約4億1千万円。

温泉土産に限定し人気

炭酸煎餅

■三ツ森

有馬温泉（神戸市北区）の土産といえば、まずこれ。薄く軽く、ほんのり甘い。次の手が伸びるのを止められない。製造販売する三ツ森（同）は、一部店舗で製造風景を公開。5台ある鉄板の型に、次々と生地を流し込んではプレスし、30秒ほどで手早くはがしていく。

炭酸煎餅《せんべい》ができたのは百年以上前の1907（明治40）年ごろ。現社長の弓削

職人が手焼きする炭酸煎餅。熟練の技で手早くはがされていく＝神戸市北区有馬町

敏行さんの母の伯父で、貸本屋をやっていたとされる三津繁松が、薬効が確認された有馬の炭酸泉を使った名物食品として開発した。その際、蘭医・緒方洪庵の次男で有馬をよく訪れていた当時の大阪慈恵病院院長、緒方惟準《これよし》のアドバイスを受けた。当初は離乳食や老人食として同病院に採用されていたという。

現在の原料は、炭酸水、小麦粉、バレイショでんぷん、砂糖、塩と至ってシンプル。卵、バター、食品添加物は使っていない。直径9センチ、厚さ1ミリ。「絶妙なサイズなのです」と弓削社長。時代をへて砂糖の量を減らすなどしたものの、サイズや製法は昔と同じ。「これより大きくても厚くてもしっくりこない」。

クリームをはさんだ派生商品や、まんじゅうなどの和菓子もあるが、この炭酸煎餅が今も売り上げの半分を占める。販売するのも、新宿と京都の高島屋を除き、温泉街の店舗のみ。「素朴な味と、温泉土産に限定したことが、息の長い商品になったひけつ」とほほ笑んだ。

（西井由比子　2013年12月11日）

三ツ森

従業員数約90人。年商約5億5千万円。創業店舗は有馬温泉・湯本坂にある「三津森本舗」。炭酸煎餅は、店舗での手焼きのほか、神戸市北区にある自社工場内での機械製造もしている。手焼き34枚缶入り1080円。
TEL 078・903・0101

老舗の味、焼き印も人気

瓦せんべい

■亀井堂総本店

「神戸スイーツの始まり」ともいわれる亀井堂総本店（神戸市中央区）の瓦せんべい。約140年前、港町・神戸の名物として誕生した。企業名や校章などの焼き印を入れ、記念品としての利用も多い。老舗の味に各地から注文が相次ぐ。

創業は1873（明治6）年。大阪から神戸の菓子店にでっち奉公していた創業者の松井佐助氏が、当時は貴重品だった卵や砂糖をふんだんに使った瓦せんべいを考案した。多くの外国人が暮らし、それらの材料が手に入りやすかった神戸ならではの菓子だった。

洋風の新たな味覚で注目を集めた瓦せんべいは「ぜいたくせんべい」とも呼ばれ、東京の博覧会でも好評を得た。その後、同社で修業した職人たちやのれん分けなどにより、全国に広まったという。

同社が元祖としての存在感を示すのが、企業だけで約1万本あるという特注の焼き印だ。企業の名称やロゴマーク、新商品などデザインはさまざま。取引先への贈答用に焼き印を作る企業もある。全国の有名企業や名門大学の焼き印が並び、「今も老舗への信頼で注文してもらっている」と4代目の松井佐一郎社長。
材料はシンプルだが、卵の配分や材料へのこだわり、生地を寝かす時間などで味が変わるという。生地を薄く伸ばしてチョコレートを包むなど新商品にも力を入れるが、松井社長は「瓦せんべいは基本商品。元祖のポリシーは守り続けたい」と話す。

（石沢菜々子　2015年1月7日）

店頭で商品を手にする松井佐一郎社長。「焼き印で細かい絵柄を出せるのも老舗ならではです」＝神戸市中央区元町通6

亀井堂総本店

直営店は本店のほか2店。約7センチ角の「小瓦せんべい」は18枚入りで750円（税別）。形は創業者の古代瓦収集の趣味に由来する。1日約5万枚を製造。神戸市中央区元町通6–3–17。TEL 078・351・0001

伝統菓子に進取の精神

塩味饅頭

■総本家かん川

江戸時代から伝わるとされる赤穂の銘菓。白く滑らかでほろりと崩れる落雁《らくがん》の生地で、塩気のある餡《あん》をくるんでいる。「元祖塩味スイーツ」だ。市内にメーカーは6社あり、各社が歴史や味を競っている。

塩の産地として古くから名をはせていた当地。その塩を使ったまんじゅうは茶菓として珍重され、江戸期と変わらぬ姿を今に伝える。常温で2週間は日持ちするのも重宝された理由だ。

主な材料は、落雁と同様に白焼きした餅を砕いて粉にした「寒梅粉」と、塩、餡。総本家かん川は、寒梅粉に砂糖を混ぜるところを、和三盆を用いて上品な甘さを表現する。塩は赤穂産を貫く。餡の塩加減は「甘味とのぎりぎりのラインを見極めている」と寒川尚樹社長。先祖伝来の分量を守り続ける。

店頭に並ぶ「しほみ饅頭《まんじゅう》」は製造工程に機械の力を借りるが、旅館の客室向けは少し小さいサイズのため、職人が昔ながらの木型を使って手作業でつくり上げていく。半球にくりぬかれた木型に寒梅粉を詰め、丸めた餡をのせて、ぎゅっと押し固める。

銘菓にも時代の波は及び、寒川社長は「落

雁の生地が若い人になかなか好まれない」と嘆く。2013年12月、一歩を踏み出した。寒梅粉の代わりに、羽二重餅で餡を包んだ「生しほみ」を発売した。「普段着みたいなお菓子をつくりたくて」。和菓子の伝統を守りつつ、甘味に塩を入れた進取の精神も忘れない。

（西井由比子　2014年4月16日）

木型に寒梅粉、あんを詰めてつくる＝赤穂市中広

総本家かん川

口伝によると江戸・元禄期に「江戸屋」として創業した。「しほみ饅頭」は1日に1万～2万個を製造し、10個入り1050円（税込）。直営店は赤穂、相生、姫路市に計5店。通信販売もある。
同社 TEL 0791・45・2222

由緒正しき城下の銘菓

玉椿

■伊勢屋本店

姫路を代表する銘菓として180年以上、地域の人に愛されてきた「玉椿」。黄身あんを薄紅色の柔らかな求肥《ぎゅうひ》で包んだ上品な色合いだ。「花の少ない冬から早春にかけて咲くツバキを思い起こさせるでしょ」と山野浩社長。

玉椿が城下町に誕生したのは1832（天保3）年のこと。元禄年間に創業した伊勢屋が、11代将軍徳川家斉の娘と姫路藩主酒井忠学との婚礼祝いとして作った。「めでたいことが末永く続くように」と長寿の意味をもつツバキにちなんで名付けられたという。それ以降、藩の御用菓子となった。

由緒正しき城下町の和菓子を守り続ける山野社長は「おいしいものを作り続ける心意気を変えないことが大切。その一方で、時代の変化には敏感でいたい」と話す。

健康志向の高まりで、消費者が糖分を控えたものを求めるようになり、次第にあっさりした甘みに変えてきた。小豆や砂糖、水あめなどの素材もより上質なものを求め、風味や色合いが微妙に変わるのも自然の流れだ。

かつて結婚式の引き出物にと頼まれ、白い餅の玉椿をこしらえ紅白をそろえた。今も特注で引き受けている。「いつの時代も市民に親しまれることを大事にしたい」と意気込む。

城下町の伝統が詰まった銘菓だが、「難しいことはまあ置いといて、熱いお茶とともに心もほっこりしてください」と山野社長は笑う。

（桑名良典　２０１３年11月27日）

創業 300 年を超す伊勢屋本店の看板商品「玉椿」。お土産としても重宝されている＝姫路市西二階町

伊勢屋本店

姫路市内に工場があり 7 店舗を構える。社員約 50 人、売上高約 5 億円。玉椿は 1 個 129 円。NHK大河ドラマで描かれた黒田官兵衛にちなんだ「官兵衛兵糧餅」も販売中。
TEL 079・288・5155

六甲山の恵み無駄なく

山椒の佃煮

■川上商店

創業永禄《えいろく》2（1559）年といえば、織田信長らが活躍していた戦国の時代。有馬温泉の佃煮《つくだに》の老舗「川上商店」は、兵庫で最も古い企業の一つとされる。

歴史を感じさせる店内で6～7月、「新物」と表示されているのは「有馬山椒《さんしょう》」の佃煮。実、葉のほか、花を使ったものもある。「この辺りではみな六甲山に入って、大事にしていた木から取って作っていた」。

代表取締役の川上良さんによると、山椒には実がなる雌と、実がならない雄の木がある。地元の人は雄の木だけ花を取る。収穫適期は1本の木に1日のみ。花が開き過ぎると粉っぽい味になり、早すぎると青っぽい味になるという。

野生の山椒はとげが多く、摘み取りは手間が大変かかる。川上商店では神戸市北区の有馬温泉周辺から三田市にかけての農家50軒に依頼している。

最近、秘伝の珍味として人気を集めているのが木の皮を刻んだ佃煮「辛皮《からか》」。上品な味わいの花山椒とは対照的に、舌がしびれるような辛みが特徴だ。10年前に商品化した。5、6月に生木の表皮の下にある皮をむき、灰で1週間あく抜きをした後、しょ

山椒の花や木の皮を使った佃煮と、山椒の木を持つ川上良さん＝神戸市北区有馬町、川上商店

うゆやみりん、砂糖で煮付ける。年間千個（20グラム入り）ほどしか作れない。

皮をはいだ木は、木目が細かく堅いため、すりこぎに使われる。有馬の人々の暮らしの中で、無駄なく使われ親しまれてきた山椒の文化は今もしっかり生き続けている。

（辻本一好　2015年7月1日）

川上商店

川上さんによると、平安末期に奈良・吉野の川上村から移り住んだため「川上」の姓を名乗るようになった。山椒の佃煮や松茸昆布など自社製品は約20品。辛皮は20グラム入り900円(税別)。従業員12人。水曜定休。TEL 078・904・0153

開港以来、神戸の味 今に

牛肉佃煮

大井肉店

牛肉がほどけるように舌にとろける。しょうゆと砂糖で炊き込んで肉のうま味がほどよく絡む。神戸・元町の老舗精肉店、大井肉店の取締役岸田圭司さんは「うちの佃煮《つくだに》は、明治時代から同じ味です。懐かしい味とも例えられます」と語る。

兵庫が開港して神戸に外国人が住み始め、牛肉の需要が起こった。同社初代の伊之助氏は、外国人船長らに農業用の牛を卸すようになり、1871（明治4）年に小売店を開いたとされる。

味わいの魅力は外国人から港湾関係者、さらに一般市民へと広がった。主にすき焼きで食べられたと考えられるが、土産用にと1902年、牛肉のみそ漬けとともに佃煮を製品化した。

和牛の赤身を細かく刻み、大なべで火にかける。砂糖と兵庫県産のしょうゆで調味し、こげないよう丹念にまぜる。水あめで甘さとつやを出し、5時間ほどかけて完成させる。

ご飯のとも、おにぎりの具、つまみのほか、ポテトサラダに合わせるなど総菜にも重宝され、土産用に自家用にと、70グラムパック換算で年間約2万パックが出る。

佃煮をゴボウと合わせたきんぴら、梅やサンショウと合わせた茶漬けもあるが、人気はやはりプレーンタイプ。「それくらい、昔の佃煮の味がよくできているということかな」と岸田さん。売れ続けて110年。

変わるミナト神戸で、変わらぬ味を伝えている。

（佐伯竜一　2012年10月31日）

世に出て110年。大井肉店の牛肉佃煮を手にする岸田圭司さん。「月1回、60キロ分ぐらい炊くんです」＝神戸市中央区元町通7

大井肉店

1871（明治4）年に創業。1887（同20）年、神戸・元町にバルコニー付きの洋館の店舗を建て、親しまれた。建物は愛知県の博物館「明治村」に移築保存されている。牛肉佃煮は本店と兵庫、大阪の一部百貨店で販売。70グラム1080円。2016年6月期の売上高は約10億円。従業員約50人。

鶏肉使い、後味あっさり

チキンウインナー

■クワムラ食品

オレンジ色のセロハンをめくると、プルンとした桃色のウインナーが飛び出す。かめばかむほどジューシーなうま味が口いっぱいに広がるが、あっさりとした後味は鶏肉ならでは。1963（昭和38）年の創業当時から半世紀にわたって愛され続けている懐かしの味だ。

鶏肉のウインナーは全国的にも珍しいという。開発した理由を知るには、クワムラ食品の生い立ちにさかのぼる必要がある。もともと養鶏場としてスタートし、最盛期には県内最大規模の10万羽を飼育していたが、成長して卵を産まなくなった親鶏の活用が課題になった。

うま味は強いが、肉質が硬い親鶏。そこで、ミンチに加工してウインナーにすることを考案した。タラのすり身を加えて軟らかさを出すなど、2年間の試行錯誤を重ねて完成した。

長年、激しい価格競争にさらされているが、「50年間、製法も中身も変えていないのが自慢」と吉井一彦社長。築き上げた信頼で、30年ほど前からは地域の学校給食用にも生産を始めた。近年はお酒のおつまみにぴったりな「ピリ辛」や「スパイシー」

も登場。シリーズで年間計約400万本を売り上げる。

「スーパーで子連れの若いお母さんが買い物かごに入れている姿をよく見かける。親から子へと受け継がれているようでうれしい」と吉井社長。地元の土産に―と購入する客も多いといい「ふるさとを代表する家庭の味を守り続けたい」。

（中務庸子　2013年5月29日）

「小腹がすいたときのおやつにもぴったり」。子どもからお年寄りまで幅広い世代に愛されるチキンウインナー＝兵庫県多可町中区

クワムラ食品

1961(昭和36)年、播州織メーカー「桑村織布」が畜産センターを設立。1963(同38)年に鶏肉加工製造を開始。チキンウインナーシリーズは1本58円、5本入り290円。ほかにコロッケやハムなど約60種類の加工食品を製造する。資本金5千万円。従業員は93人。

ナゲット参考に定番化

チキンスティック

■オリックス・バファローズ

片手で食べられ、老若男女に受ける味付け。おまけに、ごみはゼロ―。走攻守三拍子そろった名選手並みの存在感で、ほっともっとフィールド神戸（神戸市須磨区）の観客に20年以上親しまれる。

オリックス球団（現オリックス・バファローズ）が西宮から神戸に本拠地を移した1991年、野球観戦に合う新たな名物を作ろうと考え出された。「子どものおやつとして大人気だったチキンナゲットを参考に、独自のアレンジを加えた」と、飲食コーナーの業務を請け負うLEOC（レオック、東京）の伊東浩平さん。球場の新メニューが20年以上続くのは異例という。

チキンナゲットを棒状に伸ばしたような外観で、外はカリカリ、中はジューシー。ビールとの相性は抜群だ。伊藤ハム（西宮市）の工場で作られ、球場内で揚げている。5本入り、400円という価格は発売当時から変わっていない。

イチロー、田口壮両選手らが活躍し、リーグ2連覇を果たした1995、1996年は1試合で5千食が売れたが、今は半分程度。球団合併を経てチームは2012年、最下位になり、神戸での主催試合は年間15

に減った。大阪へのシフトを象徴するように、「門外不出」だったチキンスティックが2011年から京セラドーム大阪（大阪市）でも売られ始めた。

それでも伊東さんは「チキンスティックの本場・神戸で、あのころの活気をもう一度」と、復活の日を望んでいる。

（高見雄樹　2012年10月10日）

試合前には、大人も子どもも列をつくって買い求めるチキンスティック＝神戸市須磨区緑台、ほっともっとフィールド神戸

オリックス野球クラブ

オリックス・バファローズの運営会社。1988（昭和63）年、阪急からの球団譲渡により誕生した。金融サービス大手のオリックスが100％出資する。売上高や利益は非公表。資本金1億2500万円。監督や選手を除く従業員130人。

改良続ける絶妙な塩味

うまいか

湊水産

「播磨のおつまみ」として地元にファンの多い湊水産（相生市）の「うまいか」。その存在感が最も増すのが、年の暮れ。出荷量は通常の3倍に及び、播磨地域のスーパーでは大袋が山積みされる。帰省や年末年始のあいさつなど、手土産としても大活躍だ。

今や「うまいか」はするめフライを意味する普通名詞だが、同社は「元祖」を自負

360グラム入りなど大袋が人気のうまいか。5代目の湊信秀社長が手にするのは、小袋が入る土産用の化粧箱＝相生市大島町

する。1955（昭和30）年、3代目社長が、日本初のするめフライとして数社で共同開発した前身の「宝いか」を発売。6年後、「うまいか」と改称した。

同社はかつて煮干しなどを扱う水産物問屋だった。書き入れ時は冬場。仕事が少ない夏場対策として、日本海で豊富に採れるイカに着目した。まだ食生活が豊かでなかった時代。手頃な珍味は一気に広まった。

「素材の味を生かす」をコンセプトに、鮮度が高く味の良いイカにこだわる。焼いてローラーで適度な厚みに伸ばしたスルメイカを塩や砂糖などで味付けし、衣を付けて揚げる。

甘みも効いた絶妙な塩味で、本社の直販コーナーには1キロ入りを買い求めに来る客の姿も。5代目の湊信秀社長は「さくっとした歯ごたえやソフトな食感など、時代が求める嗜好《しこう》がある。微調整だが、飽きられない工夫も大切」と話す。

開発から半世紀を超えても、改良に余念がない。「お客さんの満足度を1点でも上げたい。ロングセラーと呼ぶには、まだまだ。目指すは100年です」。

（石沢菜々子　2014年3月26日）

湊水産

1890(明治23)年、煮干しなどの産地仲買人として創業。現在は、うまいかや削り節などを製造する。資本金1千万円、従業員18人。年間売上高は3億2千万円。うまいかは県内のスーパーなど量販店で販売。360グラム入りで1袋千円程度。

香る風味、歯ごたえ人気

はも板

■カネテツデリカフーズ

かぶりついたときのプリッとした歯ごたえと、口の中に広がるほどよい甘みがたまらない。

練り製品製造、カネテツデリカフーズ（神戸市東灘区）の高級かまぼこ「はも板」。廉価品が増えていた1972（昭和47）年、高級素材のハモで「魚の風味と歯ごたえを楽しんでもらおう」と売り出した。

価格は1枚650円（税別）。「100円以下の商品も多く、割高だが、質にこだわる固定ファンがいる」。経営戦略室長の高原泰彦さんが胸を張る。

原料に占めるハモの比率は20％。新鮮な魚の歯ごたえが最も楽しめる割合になっているという。調味料の量も抑えて、魚本来の風味を引き出す。

発売当初は、職人が魚をさばき、身を練って、臼でひき、木枠にはめて蒸していた。現在は、ボールカッターと呼ばれる機械で身を練るまでの工程を一気に仕上げる。

しかし、商品価値を大きく左右する最後の「焼き色つけ」は、湿度や気温の微妙な変化に応じて職人が火加減を調整する。

「焦げ目は濃くても薄くても商品価値が大きく落ちる」と高原さん。こだわりの見せどころだ。
2013年には、全国蒲鉾《かまぼこ》品評会で農林水産大臣賞を受賞。業界でも評価は高い。

高原さんは言う。「本物志向のお客さんが多いだけに、期待を裏切らない製品を作り続けたい」。

（黒田耕司　2015年4月15日）

風味や食感へのこだわりが支持を受ける高級かまぼこ「はも板」＝神戸市東灘区向洋町西5

カネテツデリカフーズ

1926（大正15）年創業。1985（昭和60）年現社名に。JR新大阪駅の在来線構内に直営店「ネルサイユ宮殿」を出店。スイーツなど約20種類を販売する。2015年9月期の売上高は109億円。従業員約400人。

熱々ごはんと相性抜群

のりかつおふりかけ

鰹節のカネイ

熱々のご飯に載せて頬張ると「サクサクッ」。快い歯触りの後、かつおのうま味が広がった。「この『のりかつおふりかけ』だけでおかずになる。あとはサラダくらい用意してもらえれば十分」と鰹節《かつお》のカネイ（神戸市東灘区）の団秀和社長が笑う。

社名の通り削り節やだしパックのメーカー。1985（昭和60）年ごろ、父で現会長の昭三さんと「子どもたちにもっと魚を食べてもらう方法はないか」と、かつて家でご飯にかつお節を載せ、しょうゆやみりんをかけて食べた思い出をヒントにふりかけを開発した。

削り節にしょうゆやみりん、砂糖などの調味液を噴霧。食感を保つため、削り節同士がくっつかないように加工する。乾燥後、細切りのりと混ぜ合わせれば出来上がり。かつおは20マイクロメートル（1マイクロメートルは0・001ミリ）という薄さで「花かつおと同じ、ふわふわの花びら状に仕上げればこの食感になる」。

カツオを多く使う分、価格は市販のふりかけのほぼ2倍。当初、量販店では苦戦したが、結婚式の引き出物や土産物などに採用されるようになった。

近年は兵庫県産のイカナゴやタマネギと合わせた商品が好評。もともと着色料や保存料は使っていないが、化学調味料も使わない商品を出すと、さらに支持が広がった。

単純な商品だけど―と秀和社長。「ほかにはない。かつお屋だからできるふりかけです」。

（佐伯竜一　2015年2月18日）

商品を手にする岡本敦営業部長。高タンパク、低脂肪の健康食としても注目が高まる＝神戸市東灘区向洋町西6

鰹節のカネイ

1918（大正7）年、しょうゆの卸売りとして創業。戦後に削り節を扱い、後に専業化した。1989年から現社名。2016年4月期の売上高は約14億1500万円。35人。
TEL 078・857・1180

安心・安全の思い込めて

純とろ

■フジッコ

ほかほかご飯にひとつまみ。褐色と白のグラデーションが湯気に揺れる。

とろろ昆布「純とろ」は、食の安心・安全を追求するフジッコ（神戸市中央区）の原点と言える商品だ。同社の歴史は1960（昭和35）年、純とろの前身「磯の雪」とともに始まった。当時は、量り売りが一般的だったが、パック詰めしたところ手軽さが受け大ヒット。1969（同44）年「純とろ」に改称した。

「純」の1文字には、食の安全に対する創業者の強い思いが込められている。同年、食品業界は発がん性が疑われる人工甘味料チクロの使用禁止に揺れた。磯の雪にチクロは使われていなかったが、創業者は「自分の子どもに食べさせたくない添加物は使うべきではない」として、一切の人工甘味料の使用を停止。甘み成分をサッカリンから砂糖に、酸味も酢酸から醸造酢に切り替えた。

味が変わり、一時的に売れ行きが落ちたが「会社の成長につながった」と同社。その後は「合成添加物不使用」が基本となり、企業イメージはぐっと良くなったという。

製法は今も昔も変わらない。酢に漬け軟らかくした昆布を重ねて圧縮。縦横50センチ程度、厚み20センチ程度（重さ60キロ）のブロックにし、積層面を0・02ミリの薄いシート状に削る。神戸市東灘区の本社（当時）で生産を始め、1969年、兵庫県新温泉町の新設工場に移管した。

薄い昆布はグラデーションの美しさも工夫の成果だ。昆布は北海道・利尻産と道南産、青森産をブレンド。色の濃淡を整えている。

（西井由比子　2016年1月27日）

「純とろ」を手にする関忠司相談役。年間販売個数は750万パックに上る＝神戸市中央区港島中町6、フジッコ

フジッコ

1960（昭和35）年に故山岸八郎氏が神戸市東灘区で「富士昆布」として創業。1985（同60）年に現社名。主な商品は煮豆の「おまめさん」や塩昆布の「ふじっ子」など。2016年3月期の連結売上高は587億円、従業員数2191人。

小売りにシェフの太鼓判

胡麻ドレッシング

■サンフード

ホテルに食材を納める卸売会社が約20年前に作ったドレッシングが、雑誌や新聞のランキング特集などで取り上げられる人気商品になった。サンフード（尼崎市）の「天下一の味　胡麻《ごま》ドレッシング」。小売りは手探りだったが、「食品の最大の販促ツールは口コミ」と山竹順文《のりふみ》社長。

創業者で父の幹雄会長は酸っぱいものが苦手で、しゃぶしゃぶは胡麻ダレ派。「満足する商品がない」と、知り合いの食品工場と開発した。「最後に生き残るのは本物や」。原材料を厳選すると、取引先のシェフは「業務用には高すぎるが、おいしい」と絶賛。小売りを決めた。

パラグアイ産の濃厚で香り豊かな有機胡麻に、酢の酸味と三温糖の上品な甘みが程よく加わる。発売当初は珍しかった、油と水が分離しない乳化液状タイプ。味にこだわった結果、「食品添加物を使わない商品になった」（山竹社長）。

百貨店を中心に販売されているが、当初は小売りの販路がなかった。百貨店の食品売り場の従業員に手渡し、「おいしかったら上の人にこの商品を置いてもらって」と頼んだ。約50のホテルのプライベートブランドとしても販売。口コミで評判となり、年間13万本売れたホテルもある。

「量販の世界を知らず、人と違うやり方だからできたかも」と山竹社長。「自信を持っておいしいと言えるものを送り出していきたい」と力を込める。

（石沢菜々子　2013年7月10日）

商品を手に「『天下一の味』は、社員全員がおいしいと感じた商品だけに付けるシリーズです」と山竹順文社長＝尼崎市常松1、サンフード

サンフード

1965（昭和40）年、ホテル向けのハムやソーセージなどの卸売り食品会社として創業。納入先は全国のホテル約250社。売上高約10億円、従業員数は20人。胡麻ドレッシングは中サイズ（390ミリリットル）で864円。「天下一の味」シリーズの調味料など自社開発商品も扱う。

試作8年、こだわりの味

手造りひろたのぽんず

■手造りひろた食品

「ぜひ一度、ほかのぽん酢と食べ比べてほしい」

尼崎市の調味料メーカー「手造りひろた食品」会長の廣田豊さんが自信たっぷりに話す。「手造りひろたのぽんず」は自らの手で生み出した自慢の味だ。

もともとJR立花駅北側の立花商店街で青果店を営んでいた。フグ好きで、てっちりを食べに行くうち、あることに気付いた。

自慢のぽん酢を手に笑顔を見せる廣田豊会長＝尼崎市立花町４、手造りひろた食品本社

「高値でそんなにおいしくないものもあれば、安くておいしい店もある」ぽん酢の差が、味の差になるのではないか—。

納得のいく味を自分でつくろうと、1980（昭和55）年から市販品の原材料表示を頼りに挑戦。しょうゆ、スダチなどよりすぐりの材料を集め、さまざまな比率を試すが、うまくいかない。試作は約8年間に及んだ。

1987（同62）年のある日。「これや。うまい！」。店の客に、銘柄を隠して市販品と食べ比べてもらうと、10人中7人が「一番おいしい」と答えた。

早速、小さなタンクを購入し作り始めた。最初は知り合いの小売店主らに頼んで売ってもらい、翌年から知り合いを通じて商社に販売を依頼した。

当初は数十万円ほどの売り上げだったが、評判を呼び、今では全国の百貨店にも並ぶ。より高級な素材を使うなど品ぞろえを増やし、会社の売上高は約2億5千万円までになった。

レシピは門外不出。廣田さんは「さらに多くの人に自慢の味を届けたい」と話す。

（松井　元　2013年10月30日）

手造りひろた食品

1990年設立。廣田豊会長が開発した「手造りひろたのぽんず」を主力に、スダチの代わりにユズを使ったものなどぽん酢10種類、だし、つゆ計8種類を手掛ける。資本金1千万円、従業員約10人（パート含む）。

沖縄発、全国へ人気拡大

ドリーム№1ステーキソース

■木戸食品

おいしそうに焼き上がったステーキに、風味豊かなソースをかけると濃厚な香りが立ち上る。

「粉もんなどに使うソースに比べ、圧倒的に材料の野菜や果実が多い。それが肉のうまみを引き立てる」

このソースを製造している木戸食品（明石市）の木戸隆富常務が胸を張る。商品名は「ドリーム№1ステーキソース」。

生産開始は1981（昭和56）年。那覇市の老舗ステーキ店「ジャッキーステーキハウス」に採用されたのがきっかけだった。

沖縄の市場を開拓したのは、木戸さんの祖父、千代司氏（故人）。戦後まもなく兄弟3人で同社を創業。1972（同47）年の沖縄返還を受けて、「必ず商機がある」と、自社製ソースのサンプルを持って現地を渡り歩いた。

当時、沖縄では、英国産のソースが主流だった。しかし、同店を訪ねると「英国産は酸味が強い。もっと食べやすいソースを使いたい」との要望があった。

試行錯誤を経て、果物や野菜を通常の濃厚なソースの約5倍に増やし、ナツメヤシの果実「デーツ」で酸味を抑えて濃厚な甘

沖縄から全国へ広がったステーキソース。「今までにない味」との声も＝明石市西新町１、木戸食品

みを実現。香辛料も多く使い、辛みも織り交ぜた。

価格も英国産より安く、家庭用でも人気を博した。沖縄以外でも徐々に浸透。現在では、沖縄以外での販売が3割を占める。

祖父らが開発した自慢のソース。「知らない人はぜひ一度味わって」。木戸さんが力を込めた。

（黒田耕司　2015年6月17日）

木戸食品

1946（昭和21）年、木戸幸太郎氏、廣治氏、千代司氏（いずれも故人）の兄弟が創業。ソースや中華調味料、酢などを製造、販売。従業員22人、売上高は非公表。「ドリームNo.1ステーキソース」は275グラムで420円（税別）。

技が生む、ほのかな甘さ

厚焼

■山田製玉部

溶き卵の入った角形の鍋が、弱火の上をゆっくりとコンベヤーで約5メートル進んでいく。職人が幾度か裏返しながら、茶色の均一な焼き目を付ける。厚さ2センチのふわふわの焼きたてを頬張ると、卵と魚のうま味があふれた。「厚焼《あつやき》はうちの創業商品。巻きずしの具です」と、山田製玉部（神戸市中央区）の社長山田正勝さん。

すし店ではかつて店内分業が主流で、卵焼きを専門とする「製玉部」ができ、そこから独立した職人たちが業界を築いたそうだ。同社もその一つ。1952（昭和27）年、山田さんの父で、京都で修業した正男さんが創業した。

生地はまず、スケソウダラの身を石臼ですりつぶし、兵庫県など国産の鶏卵を混ぜ合わせる。砂糖や塩で調味し、メレンゲを加えればできあがる。鍋やコンベヤーはオリジナル。1枚7～8分かけ、日に約千枚を焼く。

厚焼はしゃりやのり、高野豆腐、かんぴょうとの味のバランスが問われる。理想は「主張しすぎないほのかな甘さ」。季節や天候で製法を調整しても「常に同じ味に仕上げるのは、何年やっても難しい」。生地と焼きの技が生命線だ。
近年は病院や福祉施設向けが増加。少量の注文も受け、売り上げを伸ばしている。社長の長男で、常務の勝宏さんは「勉強すべきことは多いが、時代のニーズに応えて歴史ある味を残したい」。傍らで、山田社長が目を細めた。

（佐伯竜一　2014年6月18日）

職人歴半世紀余りの南勝夫さんが手に持つ焼きたての厚焼＝神戸市中央区多聞通4

山田製玉部

だし巻きやにぎりずし用の本玉、錦糸卵も扱い、卵の消費量は1日1トンに上る。2016年4月期の売上高は約4億8600万円、パートを含め約40人。神戸市中央区多聞通4−4−13。
TEL 078・341・8476

思い出の味、尼崎で守る

ピロシキ

■パルナス商事

頭の中で懐かしのＣＭのメロディーが鳴り出した。「パルナス、パルナス、モスクワの味〜」。こんがり揚がったピロシキ。ぱりっとした歯応えと、もっちりした食感、塩こしょうの効いた具の味わい……。「パルナスの味を引き継いでいます」と代表取締役の古角《こかど》武司さん。

　高度成長期を中心に各地に店を出したパルナス製菓（大阪府）。１９５２（昭和27）年に創業したのは、加西市出身の古角松夫さん（故人）と弟の伍一さん（同）だ。

　伍一さんは１９７４（同49）年に独立し、阪神尼崎駅構内で店舗「モンパルナス」を開いた。パルナス製菓が２０００年に営業を終えた後も、モンパルナスはケーキやピロシキなどを作り続けてきた。

　伍一さんの長男が武司さんだ。尼崎駅かいわいは高度成長期、工場が栄え、「ケーキやピロシキは飛ぶように売れた」。大学卒業後、家業を継いだ。

　ピロシキは今、店長の宮城富保さんが丁寧に作る。パン生地を練って発酵させ、団子状にしてもう一度発酵させる。タマネギや卵、牛ミンチなどでできた具を包んで油で揚げる。

パルナス時代、伍一さんは旧ソ連の職人から技術を学んだ。モンパルナスでは改良を重ね、「本場よりおいしい」と言われることもしばしば。

百貨店の催事に出す一方、冷凍ピロシキも通信販売する。「思い出のパルナスを尼崎で守り続けたい」。武司さんの静かな情熱だ。

（加藤正文　２０１５年１月28日）

「パルナスの味を知る人から、『この味や』と言われるとうれしい」。古角武司さん（右）と店長の宮城富保さん＝尼崎市神田中通１、モンパルナス

パルナス商事

1974（昭和49）年創業。阪神尼崎駅構内で店舗「モンパルナス」を営業し、ピロシキは日に約800個生産。1個160円（税込み）。喫茶店もあり、地元の人々に親しまれている。従業員約20人。
TEL 06・6413・3301

名脇役が主役級に躍進

ミートパイ

■ユーハイム

サクサクのパイ生地の中に、牛ひき肉とタマネギのうま味あふれる具材がたっぷり。焼きたてをほおばれば思わず顔がほころぶ。1909（明治42）年創業の洋菓子メーカー、ユーハイムのミートパイ。神戸・元町の本店では店先に専用の売り場を設け、日に100個以上を売り上げる。同社の代名詞バウムクーヘンと肩を並べる存在だ。

ドイツ人菓子職人のカール・ユーハイ

神戸牛を使ったミートパイ。店頭のオーブンで仕上げ、焼きたてを提供する＝神戸市中央区元町通1、ユーハイム本店

ム氏が中国・青島で創業。第1次世界大戦、関東大震災を経て、1923（大正12）年、神戸に店を構えた。ミートパイはこのころ登場したそうだが、詳しい記録は残っておらず「もともとは英国の家庭料理。旧居留地の外国人客から要望を受けて作り始めたのでは」と担当者は推測する。

具材は、塩こしょうでシンプルに味付けし、刻んだゆで卵が決め手だ。パイ生地はバターがたっぷり。菓子店ならではの豊かな香りが鼻孔をくすぐる。

とはいえ、菓子ではないので、本店など3店でPRもほとんどせず販売していたことから、社内では「名脇役」とされてきた。

転機は2009年。創業100年の記念に、具材を神戸牛のひき肉に変えたところ、売り上げは倍増。2011年から「神戸牛のミートパイ」の名で展開し、現在は4店で販売。東京駅構内では日に1500個が売れ、観光客やサラリーマンの胃袋を満たす。同社は「脇役から主役級に躍り出た。神戸を代表する名物に」と期待を込める。

（中務庸子　2015年10月7日）

ユーハイム

ドイツ銘菓バウムクーヘンを主力に「マイスターユーハイム」など8ブランドを展開。全国に300店舗以上を出店する。社員数約600人。2016年3月期の売上高は301億円。ミートパイは1個360円（税別）。

口コミで人気広く浸透
ミンチカツ

■山垣畜産

週末になると、ゴルフなど行楽帰りの車で大型駐車場が埋まる。神戸市北区八多町、山垣畜産の本店。客のお目当ての一つは、土産用のミンチカツだ。中国自動車道や六甲北有料道路のインターチェンジに近い立地の上、黒毛和牛を使った素材の良さが客を引きつける。本店を中心にネット販売を含め月に50万個を売り上げる。

「広告宣伝を大々的にしたのではなく、ありがたいことに口コミです」と専務の山垣和宏さん。

1982（昭和57）年に小売りに進出するため本店を開き、じわじわと販売を伸ばしていた。ところが、2001年にBSE（牛海綿状脳症）問題が発生した。牛肉が敬遠される中、反転攻勢を狙って2003年に改装に踏み切った。山垣さんは「店の場所が分かりやすくなり、テレビなどで紹介される機会も増えた」と話す。

同社は1200頭を超す黒毛和牛を自前で肥育する畜産会社。全国の競りで厳選した子牛を、緑豊かな裏六甲の牧場などで2年ほど育成する。

そうして丹精した和牛肉と国産の豚肉を混ぜ、砂糖としょうゆ、塩、こしょうで必

黒毛和牛のうま味を凝縮したミンチカツ。何度も食べたくなる＝神戸市中央区雲井通7、やまがきミント神戸店

要最小限の味付けを施す。肉本来の味を邪魔しないのが鍵という。

7個入り630円の価格も手ごろで、まとめ買いも多い。「うまく揚げられない」との声を受け、温度設定など揚げ方も紙にして配る。「今後は牧場の規模拡大も検討しなければ」と、山垣さんの言葉に力がこもる。

（桑名良典　2013年9月18日）

山垣畜産

1880(明治13)年、神戸市北区で酪農を始め、その後、和牛の肥育に転じた。同区と小野市に直営牧場、小売店は神戸・三宮と西宮北口にもあり、三宮には焼き肉店も。資本金5千万円、従業員はパートを含め約200人。

素材の持つ甘み大切に

和牛ビーフコロッケ

■水野商店

シンプルな料理だからこそ、素材の味がストレートに出る。「材料の持つ自然な甘みを大切にしている」と胸を張るのは、水野商店（神戸市東灘区）の水野和哉社長。「コロッケと…神戸　水野家」の屋号で神戸や大阪、横浜などで32店舗を展開する。

高校卒業後、神戸市灘区の水道筋商店街で母親が営んでいた精肉店で働いた。スーパー増勢の時代、「価格では勝てない。何

コロッケを持つ水野社長。「営業はしないけど、新規出店の引き合いは多いんです」＝神戸市東灘区深江浜町

か特徴を」。目を付けたのが店で売っていた揚げたてコロッケだった。当時1個50円ほどの手軽な値段で、子どもからお年寄りにまで愛されていた。1988（昭和63）年、JR六甲道駅北の宮前商店街で2坪ほど（約7・6平方メートル）の店を始めた。

「昔ながらの肉屋のコロッケ」が受けて店も増やしたが、阪神・淡路大震災に遭った。水道筋の店で再起したところ、被害の少なかった百貨店神戸阪急（当時）の催事に招かれた。再び評判を呼び、他の百貨店からも出店依頼が届いた。

店は増えても「効率は求めない」という。黒毛和牛、淡路産タマネギ、北海道産ジャガイモといった材料を使い、ジャガイモは釜で炊き、タマネギはじか火で炒める。一度、機械を導入したが、「驚くほど」味が変わりすぐにやめた。

味を決めるのは、今も水野社長自身だ。毎朝5時に工場に行き、下ごしらえから始める。「僕はコロッケ屋。コロッケを作る以上に重要なことはない」。

（土井秀人　2013年11月6日）

水野商店

1957（昭和32）年「水野精肉店」創業、1979（同54）年に法人化して現在の社名に。コロッケやミンチカツ、トンカツなどを販売。和牛ビーフコロッケは1個108円。従業員は154人。2016年4月期の売上高は7億7740万円。
TEL 078・435・4620

味も価格も庶民の味方

コロッケ

■本神戸肉森谷《もりや》商店

神戸・元町の老舗精肉店の人気商品。店先で次々と揚げられ、食欲を刺激するにおいが道行く人の足を止める。学生、ビジネスマン、観光客……。昼時と夕方には行列ができ、1日平均2千個が売れる。

約60年前、明石・魚の棚商店街にある明石店で誕生した。当時、牛肉は高級品だった。「一般家庭でも気軽に食べてもらいたい」と、肉の端材を有効利用する形で売り出されたという。

「普段のおかずに、と当時から人気だったようです」と広報担当の平井裕美子さん。元町の本店で販売が始まったのは阪神・淡路大震災翌年の1996年で、今は6店全店で揚げたてを提供している。

材料は、国産牛・豚のミンチとタマネギ、ジャガイモ。食感のアクセントにスジ肉を入れる。すべて牛脂で炒め、肉のうま味を染み込ませる。

タマネギは4時間以上炒めて甘みを引き出し、ジャガイモはほくほくの男爵ではなく、しっとりなめらかなメークインを使用。味付けは塩、こしょう、ほんの少しの砂糖のみといたってシンプルで、目の細かいパン粉で仕上げる。「衣が薄い分、油の吸収

できたてを求める列ができるコロッケ。薄い衣は揚げるのにコツがいる＝神戸市中央区元町通1

が少なく、冷めてもおいしい」。

1個90円。かつて社内で値上げを話し合ったが、「100円を超えてはいけない」との方針でまとまったという。庶民の味、コロッケ。誰でも買い求めやすいものを―との理念が、半世紀を超え、愛されている。

（西井由比子　2014年12月17日）

本神戸肉森谷商店

1873（明治6）年創業。神戸、明石両市に計5店。従業員約80人、年商約54億円。直営牧場もある。コロッケは神戸市西区の食肉センターで一括製造している。同社フリーダイヤル0120・751129

神戸のみそだれ発祥店

焼餃子

元祖ぎょうざ苑

神戸で焼きギョーザといえば酢じょうゆではなく、辛みのきいたみそだれで。もちもちの皮と肉汁あふれるあんに絡《から》めれば、うまみたっぷり、食感さっぱり、箸が止まらない。元祖ぎょうざ苑（神戸市中央区）の3代目、頃末灯留《ころすえとおる》さんは「焼きギョーザにみそだれは祖父の発明です」。

祖父の故芳夫さんは戦前、旧満州（中国東北部）に渡り、祖国になかったギョーザに触れた。現地では水ギョーザを黒酢などで食べたが、日本人居住区で焼きギョーザが作られ始めたという。芳夫さんは、古里でなじみ深かったみそをたれにして味わった。

神戸に引き揚げた芳夫さんは「日本でも好まれる」と確信、１９５１（昭和26）年に店を構え、みそだれの焼きギョーザなどを出した。引き揚げ経験者や世界を巡る船乗りたちの間で、徐々に支持が広がった。

小麦粉と油、塩に湯を入れてこね、機械で薄く延ばし、筒状の型で丸く抜く。その皮で、下味を付けた豚肉やキャベツ、ニラを包み込む。化学調味料やニンニクは使わない。鉄板にピーナツ油を敷き、蒸し焼きにすれば完成。みそだれは「一子相伝。店員にも教えない」。

時間を掛けて、味を進化させてきた。2014年秋、あんに神戸ビーフを混ぜ、こくに深みを出したが、常連もすぐには気付かないほど。「世にうまいものは増えるけど『いつも通りうまい』と言ってもらえるのが大切」。歴史を踏まえた革新が、元祖たらしめる。（佐伯竜一　2015年5月13日）

焼きギョーザを手にする頃末灯留さん。「みそだれだけがお勧めですが、しょうゆや酢で割っても味に奥行きが出ます」＝神戸市中央区栄町通2

元祖ぎょぅざ苑

頃末さんが社長を務める会社が運営。18人。売上高は非公表。焼きギョーザは1人前6個で430円。ギョーザだけで5千個売れる日もある。ネット通販も好評。月曜休み（営業の場合あり）。TEL 078・331・4096

甘さに長年の工夫凝縮

鳴門金時芋のあめだき

■東天閣

あめをまとった黄金色の鳴門金時芋は、まるで繊細なガラス細工のようだ。芋同士がくっつかないほどにカラリと仕上がり、小ぶりで食べやすい。あめと芋の甘みが調和する。「創業当初から提供していますが、長年の工夫が詰まった他店では食べられない一品と自負しています」と、北京料理の東天閣（神戸市中央区）3代目社長、中神龍さんは胸を張る。

東天閣は、戦後間もない1945（昭和20）年10月に創業し、2015年で70周年を迎えた老舗。料理人で中神さんの祖父、故李孝先さんが中国山東省から出稼ぎのため来日し、神戸で独立したのが始まりだ。木造瓦ぶきの店舗は、ドイツ系米国人のビショップ氏が1894（明治27）年に邸宅として建てた洋館。李さんが料理店に生まれ変わらせた。

イモのあめだきは北京料理の定番のデザートだが、「シンプルだからこそ、こだわりが出しやすい」と中神さん。他の中華料理店にはない一品にしようと、油で揚げたイモにあめを薄く均一に絡める手法を編み出した。甘すぎず、水分量も多すぎない徳島産の鳴門金時芋を選ぶ。「甘ければいいわけではない。試行錯誤の末、東天閣の調理法に合うものを見極めた」。

中神さんは「調理技術は一度途絶えると再現できなくなる。初めて来店する方には必ずお薦めし、デザートでは最もよく出ている。技を磨き、これからも伝えないといけない」と力を込めた。

（黒田耕司　２０１５年10月28日）

食感にこだわった鳴門金時芋のあめだきを手にする中神龍社長＝神戸市中央区山本通３

東天閣

本店と芦屋店、西神店の３店舗。従業員約70人。鳴門金時芋のあめだきは1100円（税別、持ち帰り可）。ほかにも「名物 豚スペアリブのあぶり焼き」（税別1100円、2本から）が人気。

本店 TEL 078・231・1351

マイルドな味わい人気

ビーフカレータヒチ風

■エム・シーシー食品

南の島を思わせるココナッツとスパイスの豊かな香り。口の広い缶だからこそできるボリューム満点のビーフ。社内では親しみを込め「タヒチカレー」と呼んでいる。

エム・シーシー食品の缶詰カレーには英国風、ジャワ風などがあるが「売り上げは圧倒的」と経営企画室長の水垣佳彦さん。「辛みを抑えたマイルドな味わいが、子どもからお年寄りにまで愛される理由では」と分析する。

世に出たのは1981（昭和56）年。ミナト神戸を彩った博覧会「ポートピア'81」で、世界の米料理を集めたレストランを出店した際、記念カレーとして並べた。その後、「家庭に本場の味を」と市販し始めた。

創業者の水垣宏三郎さんは1935（同10）年、世界中の食文化を研究するため〝世界一周・食の旅〟を達成。戦後は、パエリアやボルシチなど世界中の料理13缶をセットにした「世界の味」を売り出すなどグローバルな商品作りに力を注いだ。

タヒチカレーも当時72歳だった水垣さんが島に2週間滞在し、現地のシェフら20人を集めて試食会を開き、完成させた味だという。

1980年代後半には年2億円を売り上げた。阪神・淡路大震災では避難所で炊き出しを行い、被災者の心と体を温めた。近年は手軽なレトルトパウチが増え、切り替えの誘惑にも駆られるが、そうしないのは「缶詰会社の意地」と水垣さん。大きな具材と一緒に、創業者のアイデアとチャレンジ精神が詰まる。

（中務庸子　2013年3月27日）

「タヒチカレー」を手にする水垣佳彦経営企画室長。「社内アンケートでも人気ナンバーワンを誇ります」＝神戸市東灘区深江浜町

エム・シーシー食品

1923（大正12）年創業。売上高は136億円、従業員約310人（2015年8月期）。社名はミズガキ・キャニング・カンパニーの英字の頭文字。タヒチカレーは300グラム入り379円、840グラム入り1022円（いずれも税別）。

下町で愛されて60年余

みかん水

兵庫鉱泉所

　ラベルのないガラス瓶に薄黄色の飲料水。光に当てると向こう側が透ける。製造元を印字した白い王冠が、商品全体をきりっと引き締める。

　神戸市長田区や兵庫区かいわいで60年余り販売されているドリンク「アップル」。子どもや高齢者にも親しまれてきた下町のヒット商品だ。その中身は名称どおりの「りんご水」ではなく、なぜか、みかん水だ。「ハ

下町の味、みかん水。「これからも守り続けたい」と話す代表の秋田健次さん＝神戸市長田区菅原通1、兵庫鉱泉所

イカラな神戸に合うよう、だれかが変えたんやろな」。神戸市内で唯一の製造元、兵庫鉱泉所の代表秋田健次さんは言うが、真相は謎のままだ。

戦後間もなく、神戸の下町にサイダーを作る業者が集まった。昭和40年代以降、大手の清涼飲料に押され、廃業が相次いだ。1995年の阪神・淡路大震災で、地域に根差した駄菓子店や銭湯、お好み焼き店が数多く姿を消した。

時代は変わっても、昭和の風情を色濃くとどめるみかん水。兵庫鉱泉所では今も年間15万本を生産、根強い人気がある。

創業当初から味は変えていない。水に上白糖、着色料、香料、酸味料と至ってシンプル。「大人には少し甘ったるいかも」と秋田さん。ただ後味はすっきりしており、お好み焼きを食べるときや風呂上がりにぐっと飲み干す清涼感がいい。

瓶を回収して、飲料を詰め直して配達するスタイルは昔と同じ。電話で注文を受けるたびに、「次の世代が現れるまでやめれんな」と笑う。

（桑名良典　2013年4月24日）

兵庫鉱泉所

1952（昭和27）年、秋田健次代表の父が創業。1997年に父が亡くなった後、母親とともに事業を引き継いだ。現在はみかん水やラムネ、サイダーを製造、販売している。2015年12月期の売上高は3000万円。従業員3人。
TEL 078・576・0761

初の量産機、市場を拡大

ティーバッグ

■神戸紅茶

40年余り前にドイツで生まれた機械が、紅茶の茶葉を2グラム前後ずつ紙で包んでは形を整えていく。糸を付け、包装するとティーバッグが出来上がる。

職人のように精緻な動きで、1分間に150個を生産。日本で初めて量産機を導入した神戸紅茶（神戸市東灘区）の社長、下司善久さんは「メンテナンスを繰り返して大事に使っています」と話す。

ティーバッグは、19世紀末に英国人が茶葉の計量などの手間を省くため1杯分ずつガーゼ袋に詰めたのが始まりとされる。1947（昭和22）年に自動包装機が誕生し、大量生産が可能になった。

1957（同32）年、同社の前身となった会社が英リプトン社の指定工場となり、手作業で生産を開始。経済成長で需要が急拡大し、4年後に包装機を輸入した。

その後も相手先ブランドによる生産（OEM）を中心に、日本の紅茶文化を拡大。1993年には、綿のティーバッグで高級茶葉の風味を生かした自社ブランド「神戸紅茶」を確立した。

現在では、自社ブランド品の比率が半分ほどに高まった。茶葉はインド、スリランカなど世界中から集める。季節によって味が変わるが、専門の紅茶鑑定士が、多い日には数百杯を試飲して独自の味を守る。

神戸は全国有数の紅茶消費地で「労力を惜しめない」と、下司さん。「今日もおいしい」。温かくも厳しい地元ファンのこの一言が、次の一杯をさらに豊かな味にする。

（佐伯竜一　2014年3月19日）

40年ほど前に輸入した機械で生産したティーバッグを手にする神戸紅茶社長の下司善久さん＝神戸市東灘区住吉浜町

神戸紅茶

1925（大正14）年、食料品卸売業「須藤信治商店」として現在の神戸市兵庫区で創業。1967（昭和42）年に現本社所在地に移り、2006年に現社名。2016年3月期の売上高は約4億2700万円、従業員はパートを含め45人。

健康支えるお酒の相棒

杜仲茶

■サワノツル・フーズ

ほうじ茶を濃くしたようなくせのない味わい。カリウムや亜鉛などのミネラルが豊富でノンカフェインと〝体にもおいしい〟。「『二日酔いに効く』との効能があるとされ、たくさんお酒を飲んでもらうため、1991年に販売を開始しました」と、酒造大手沢の鶴の関連会社、サワノツル・フーズ（神戸市灘区）の小野新・営業部長。ティーバッグ25袋入りと缶飲料（190グラム入り）の2種類を取り扱う。

原料となる杜仲《とちゅう》は中国原産の落葉高木。樹皮は古くから五大漢方の一つとして重宝されてきたが、葉も栄養価が高く、乾燥させて煮出した杜仲茶は便秘や高血圧の予防に効くとされる。日本では1990年代、一大ブームになっていた。

1994年、焙煎《ばいせん》機3台を購入し、酒蔵が並ぶ沢の鶴の工場の一角で自社生産を始めた。焙煎時の気温や湿度によって香りが変化するため、担当者は、まるで酒の仕込みのように五感を働かせて製造していた。

ところが、1995年1月、阪神・淡路大震災で蔵が被災。酒造りの再開を最優先する中で、杜仲茶の生産量はピーク時の約20分の1にまで減少し、2010年からは委託生産に切り替えた。

小野部長は「近年の健康ブームが好機になりそう」と反転を期す。糖質ゼロ清酒の登場など健康志向の波は日本酒業界にも押し寄せる。「杜仲茶は根強いファンが多い。体を気遣う顧客に広くＰＲしていきたい」。

（中務庸子　２０１５年３月４日）

ホットでもアイスでもおいしく楽しめるサワノツル・フーズの杜仲茶＝神戸市灘区新在家南町５、沢の鶴

サワノツル・フーズ

清酒大手、沢の鶴の食品製造・販売部門から分社化し、1965（昭和40）年10月に設立。酒かすや奈良漬、梅干しなどを販売する。2015年９月期の売上高は１億2100万円。社員数３人。TEL 078・871・4087

デフレ時代の優等生

缶飲料「神戸居留地」

■富永貿易

1994年4月、食品商社の富永貿易（神戸市中央区）が190グラム入りの缶ウーロン茶をひっそりと発売した。当時本社があった「神戸居留地」のブランド名を付けたが、サントリーと伊藤園が市場を押さえ、勝ち目はないように見えた。

ただ、価格はめっぽう安かった。広告宣伝はせず、大手の半額の40～50円で店頭に並んだ。「安いだけでは怪しいので、茶葉

「神戸居留地」シリーズの飲料を手にする（左から）富永彰良会長、田中憲一社長、富永昌平取締役＝神戸市中央区御幸通5、富永貿易本社

は1、2級の高級品に限定し、高価な鉄観音茶も多く使った」と富永彰良会長。

安くても味と香りが良いと評判に。すぐにコーヒーやサイダーをシリーズに追加。今や30種、年間2億5千万本を売る看板商品だ。

バブルが崩壊、デフレが進む時代も味方に付けた。ディスカウント店やドラッグストアなどの新業態ができ、目玉商品として扱ってくれた。「当時は飲料1本を作るコストの6割が、缶の費用だった」と田中憲一社長。低価格の理由は缶の安さにあった。

同社は1970年代、愛媛産の「ポンジュース」など缶飲料を中東に輸出していた。年商100億円に達したが、現地の淡水化施設の完成や円高で1985（昭和60）年に撤退。代わりに韓国、台湾製の安い飲料用缶の輸入を始めた。中堅飲料メーカーに卸す一方、自社でも使い、国内の協力工場で缶飲料にする。

デフレ下で成長した「神戸居留地」。経済の潮目が変わる中、「今後は値が張ってもこだわりのある品を」（富永会長）と新機軸を追求する。

（高見雄樹　2013年5月15日）

富永貿易

1923（大正12）年、青果物輸出業の「富永寿吉（ひさきち）商店」として創業。ナッツ類の輸入に強く、ピスタチオは国内シェア16%、カシューナッツは10%を占める。2015年12月期の売上高は413億円、純利益4億円。パートを含めた社員は190人。

生徒が作る〝青春の味〟

カルピー

■兵庫県立農業高校

「初恋の味」といえばカルピス。同じ乳酸飲料のこちらは「青春の味」といえるかもしれない。兵庫県立農業高校（加古川市）の実践学習でつくられ、大半が同校や地域のイベントで販売される。すっきりとした味は地域の人のみぞ知る。

授業の一環でさまざまな加工食品をつくる食品科学科。看板商品の一つだが、誰が開発し、いつから授業に組み込まれたのかは、記録がない。同校出身の澤井正志教頭に尋ねると「私が在校していたころには既にあった」という。少なくとも30年以上たつ。

牛乳から脂肪分を抜いた脱脂乳に乳酸菌を混ぜ4日発酵させて、香料、グラニュー糖を混ぜる。牛乳は同校が飼育している乳牛から搾ったものだ。生徒たちは授業で製造方法を学び、放課後も当番制で瓶詰め作業などに当たり、4～12月上旬に2500本を製造する。

年に1度、11月23日の勤労感謝の日に開く「県農祭」が最大の販売イベント。800～1000本を用意する。気に入って同校まで買いにくる人もおり、その都度販売しているという。

生徒とその家族、地域住民の間で愛され

カルピーを瓶詰めする生徒たち＝加古川市平岡町新在家、兵庫県立農業高校

てきたカルピー。２０１３年、地域外への進出を果たした。神戸市内のマルシェ（青空市）のほか、９月は大丸神戸店のデパ地下にも並んだ。「うちらがつくったものが有名になればうれしい」。生徒たちのやる気につながっている。

（西井由比子　２０１３年９月25日）

兵庫県立農業高校

1897（明治30）年創立、生徒数832人。カルピーは334ミリリットル入り250円で、5倍程度に薄めて飲む。同校窓口での販売は4月から9月末まで。
同校 TEL 079・424・3341

爽やかさ愛され1世紀

ダイヤモンドレモン

■布引礦泉所

気温が上がると、炭酸飲料が無性に飲みたくなる。喉にくる刺激とその後の余韻がいい。無糖もよし、甘いサイダーもよし。兵庫は有名炭酸飲料の発祥の地。川西・平野の三ツ矢サイダー、西宮・生瀬のウィルキンソンの二大ブランドに匹敵する歴史を持つのが布引礦泉《こうせん》所だ。

歴史は古い。川崎造船所（現川崎重工業）の創業者・川崎正蔵が１８９９（明治32）年、

「布引の水の味わいがうちの看板」と話す社長の石井恭子さん（左）と父で相談役の憲三郎さん＝西宮市津門綾羽町、布引礦泉所

今のJR新神戸駅近くで創業した。初代社長は川崎家に仕え、川崎造船所専務を務めた石井清。六甲山麓の布引から噴出する天然炭酸水をもとに清涼飲料水に仕上げた。

商品は「ヌノビキ・タンサン」で始まり、1914（大正3）年、横浜工場を設ける際に「ダイヤモンドレモン」を出した。布引の水に高純度の砂糖、レモン香料。昭和初期の会社案内には「弊社が着色飲料水を排斥して高尚清新なるものを提供せんとし……」とある。その気概がうかがえる。

2014年で発売から100年。「基本のレシピは変わりません」と4代目社長の石井恭子さん。今も新神戸駅近くで取水し、西宮の本社工場に運ぶ。工場のラインではガス混合機で二酸化炭素を浸透させる。南米産ガラナの実のエキスを使った「ダイヤモンドガラナ」も美味だ。

石井さんは、創業者の孫に当たる相談役石井憲三郎さんの長女。親子は「これからも伝統の味を守り続ける」と声をそろえた。

（加藤正文　2014年5月14日）

布引礦泉所

今のJR新神戸駅近くにあった本社工場は1938（昭和13）年の阪神大水害で流失。1942（同17）年に現在地に移った。従業員約20人。200ミリリットル換算で年産約200万本。ダイヤモンドレモン330ミリリットル入り120円、ガラナ340ミリリットル150円（いずれも税別）。西宮阪急などで販売。
TEL 0798・35・1313

懐かしさと面白さ魅力

ラムネ

■鎌田商店

「カラン」と響くビー玉の音、独特の瓶の形状、清涼感……。懐かしさだけではない、心を引きつけるのは何だろうか。そう尋ねると、鎌田茂伸社長は「一気に飲めない、何度も飲ませるようなところが面白さかも」と笑う。

高砂市の鎌田商店がラムネ製造を始めたのは１９５２（昭和27）年。戦後訪れたブームのさなかだった。最盛期は製造業者が全国に３５００軒以上あったそうだが、他の飲料に押されて減り続け、今は40軒、兵庫県内は2軒のみとなった。

鎌田社長も廃業を考えたときがあったそうだが、20年ほど前に年数万本だった生産量が今は静かな人気で３００万本に増えた。「お風呂屋さんや観光地で扱われたことに加え、冬場でも飲まれるようになったことが大きい」と鎌田社長。

日本食人気もあって海外に年40万本輸出する。クリスマスの時期によく売れ、すし店などにも販売する。

シロップと炭酸を入れ、ビー玉で栓をするラムネの製法は約１５０年前に英国で発案され、欧米やアジアに広まった。ところが、栓が王冠になり、本家の欧米では消滅

「珍しさや面白さが大事。たくさん売れすぎると、その良さがなくなってしまう」とラムネについて語る鎌田社長＝高砂市曽根町、鎌田商店

し、残るのは日本のほかは台湾、インドぐらいという。

「瓶のくびれと、ビー玉が口に当たらないように止める二つのへこみは日本製のオリジナルですよ」。手に持つ瓶が、日本人の感性と技術に磨かれて生き続ける文化の結晶のように見え、一層いとおしくなった。

（辻本一好　2015年4月22日）

鎌田商店

1897（明治30）年、こんにゃく製造業を開業。従業員は約60人。現在のラムネの容器はペットボトルが増え、ガラス瓶は1割という。味の種類は国内向けのイチゴ味のほか、海外向けのライチ味など15種類ほどある。

一杯に神戸のもてなし

宮水珈琲

■にしむら珈琲店

「灘の日本酒とは、いわば兄弟のような関係」。カップに入った一杯のコーヒーを見つめながら、にしむら珈琲店（神戸市中央区）の吉谷啓介社長は話す。

コーヒーをたてる水は、すべて菊正宗酒造（同市東灘区）が酒造りに使うものと同じ「宮水」。六甲山などから流れてくる地下水は、ミネラルを豊富に含む。すっきりとした辛口の日本酒を生む水は「コーヒーの味をまろやかにしてくれる」。

宮水を使うきっかけは1950年代初めに創業者の故川瀬喜代子さんが家族と出かけた六甲山キャンプ。湧き水でコーヒーを入れたところ、思いの外おいしかった。そこで、直後に六甲山ゆかりの宮水を菊正宗から譲ってもらい、店で宮水珈琲を提供した。「水を買うことが当たり前でない時代に、水にこだわった発想が良かった」と、孫の吉谷社長は感服する。

毎日、西宮市にある菊正宗の井戸からくみ上げ、タンク車で各店に配って回る。その量は年間189トン（2014年度）。神戸を代表する喫茶店として東京や名古屋から出店の依頼が舞い込んだが、断ってきた。理由の一つは「宮水を調達できないから」。現在、出店は大阪・梅田から神戸ハーバーランドまでの区域に限定している。種類別に豆を焙煎《ばいせん》するブレンドコーヒーに、欧州風のおしゃれな店構え。冷めにくい厚手の有田焼のカップなど、一杯にかける思いは熱い。「神戸らしいおもてなしを、妥協することなく追求したい」。

（長尾亮太　2016年2月24日）

「宮水珈琲」を手にする吉谷啓介社長＝神戸市中央区中山手通1

にしむら珈琲店

1948（昭和23）年、現在の中山手本店がある場所に、5坪（約16平方メートル）の店を開いて創業。現在は神戸や阪神間、大阪に計11店を展開する。従業員はアルバイトを含めて約270人。資本金は約5千万円。

次の半世紀へ進化続け

カップ酒

■大関

ガラガラガラ……。コンベヤー上を整然と行進するガラス瓶に次々と酒が充填《じゅうてん》され、ラベルが貼られていく。「1時間に6万本を生産しています」と大関（西宮市）の工場担当者。冬の繁忙期の真っ最中だ。

ワンカップ大関は1964（昭和39）年10月10日、東京五輪の開会式の日に合わせて発売された。以来50年余。累計41億本以上を出荷し、カップ酒の代名詞となった。

担当者が手にするのは定番品（右）と発売50年を記念した新商品＝西宮市今津出在家町、大関

「日本酒離れ」がいわれて久しい。半世紀前にこの長寿商品が生まれる原動力となったのも、若者が日本酒を飲まなくなったとの危機感だった。社内会議を重ね、「行動的なヤング」に新しい飲み方を提案しようと動きだした。

日本酒といえば一升瓶が主流の時代に、透明なコップ型のガラス容器を採用。瓶メーカーと試行錯誤を繰り返し、アルミ製のふたの開発も苦労の連続だった。斬新すぎたのか当初は振るわなかったが、1967（同42）年に酒類業界で初めて自動販売機を導入するとレジャーブームに乗って若者の支持を得た。

そして今、同社は50年前と同じ悩みに直面する。ワンカップのファンが高齢化し、販売量が1993年のピーク時の約半分に落ち込んでいるのだ。マーケティング部の湧田《わくだ》浩一部長は「前例のないことに挑戦する遺伝子を引き継ぎ、次の50年に向けてさらに進化したい」と語る。

数年のうちに「これがワンカップ？」と驚くような新顔が登場するかもしれない。

（小林由佳　2014年12月10日）

大関

1711（正徳元）年創業。1884（明治17）年、酒の銘柄を「万両」から「大関」に。1935（昭和10）年に株式会社化。2015年3月期の売上高は168億円。従業員374人。西宮市今津出在家町4−9。
TEL 0798・32・2111

みりん風調味料の先駆け

日の出新味料

■キング醸造

調理に使うと、和食のまろやかな甘みが引き立ち、表面に照りが出る。

本みりんに近い風合いで、低価格の「みりん風調味料」。1960（昭和35）年、業界に先駆けてキング醸造（兵庫県稲美町）が開発した。

「当時のみりんは、料亭などで使うぜいたく品。一般に使ってほしいとの思いがあった」。会長大西和樹さんが話す。

明治期から本みりんを製造していたが、戦後に休止して製造免許を失った。しかし、その後も再開を求める声が多く、大西会長の父で料理好きだった3代目社長の猪太郎氏（故人）が、免許なしで製造できるよう、アルコールをほとんど使わない製法を編み出した。

本みりんは、米こうじと蒸したもち米を合わせてアルコールに漬け、数カ月かけて仕上げる。一方、新製法は水あめや米、米こうじなどをブレンドすれば出来上がりだ。しかも、本みりんと違って販売免許も不要。高度経済成長にも乗って、全国展開するスーパーを中心に支持を広げていった。

開発から50年以上。「日の出新味料」には、親子3代のファンもいる。家庭用トップの座は不動だ。欧米や東南アジアでも、日本食とともに愛されている。

甘みを調え、塩味のこくが増すので、紅茶、みそ汁、焼きそばなどにも合うとか。「おいしいと笑顔が生まれる。食卓のだんらんに役立てたらうれしい」。大西会長が目を細めた。

（佐伯竜一　2013年9月4日）

「みりんと違ってアルコールを飛ばす手間が省けるから、調理も楽なんです」と、キング醸造会長の大西和樹さん＝兵庫県稲美町蛸草

キング醸造

1900（明治 33）年創業。大西合名会社として本みりんを製造販売。戦後に休止した後、みりん風調味料を開発した。1961 年現社名に。現在は、本みりん製造も復活、料理酒や清酒、酢、焼酎、ワインも扱う。シンガポールやタイにも工場を構える。資本金 9940 万円、従業員約 230 人。

生活必需品が嗜好品に

創作氷

■矢内商店

真夏の汗が引いた。高さ55センチ、横幅1・1メートル、厚み28センチの氷柱の中に、色とりどりの造花やボール、熱帯魚のおもちゃが浮かぶ。「創作氷のオブジェは、1週間ほどかけてゆっくり凍らせる。透明度が高く、溶けにくいんです」。矢内《やうち》商店（神戸市中央区）の矢内《やない》秀和専務は、涼しい顔で話す。

1932（昭和7）年、街の氷屋さんとして創業。氷は食用としてはもちろん、電気冷蔵庫がなかった時代、食品を冷やすため飛ぶように売れた。戦後、需要は減ったが、品質にこだわる喫茶店やバー、ホテルなどから支持を集めた。

秀和さんは「何か新しいことを」と、1994年から創作氷にチャレンジ。試行錯誤の末、気泡のない透き通った氷柱の中に魚類や飲料缶、おもちゃ、Tシャツなど、さまざまな物を収める技術を確立した。

「氷は少しずつ固まるから、浮いて見えるよう夜中に起き出しては物を入れる」。1996年からは、三宮センター街の涼しげなオブジェを制作。今や、神戸の夏の風物詩の一つとなった。

ボール形やジョッキ形になる加工機、氷

気泡がなく、向こう側まで透き通って見える矢内商店の氷。氷室では零下6～10度で管理する。「温度が低すぎてもひびが入る」と矢内秀和専務＝神戸市中央区元町通5

に文字を彫る機械も自社開発し、リピーターは増加。創作氷は4～8月のイベントなどにフル操業で作り、新たな注文は断らざるを得ないとか。

傷が付きやすく取り扱いの苦労は絶えないが「うちの氷で喜んでもらうのが何よりうれしい」。かつての生活必需品は、ここにしかない嗜好《しこう》品として新たな命を刻んでいる。

（佐伯竜一　2015年7月8日）

矢内商店

矢内秀和専務の祖父が創業し、現在は母康子さんが社長を務める。ドライアイスやプロパンガス、備長炭、まき、灯油も取り扱う。パートを含め約15人。2015年12月期の売上高は約1億円。

TEL 078・341・4786

クールな魅力、世界進出

ミント

長岡実業

「身の回りでよく使われているが、小売りをしていないため知名度が低くて」ミントの国内トップメーカー、長岡実業（西宮市）。7代目の長岡良輔社長が笑顔で話した。湿布剤や胃腸薬、ガム、ジュースのほか、歯磨き剤など多様な製品に使われる。取引先には、製薬や香料、食品などの国内大手メーカーが名を連ねる。

1804（文化元）年、大阪・道修町で薬問屋として創業。他の大手問屋のように西洋医薬ではなく、ミントや樟脳《しょうのう》、薬用ニンジンなど天然素材にこだわって商売を続けてきた。

ミントは、ハッカ、ペパーミント、スペアミントの3種類に大別できる。それぞれの葉から精油を抽出。ハッカはさらに結晶化させて純度を上げ、天然メントールとして販売する。

1960年代までは、ミントは日本の主要な輸出産品だった。北海道や岡山県などが主な産地で、そこから仕入れて加工していた。

今では、為替レートや生産コストの上昇で、原料の精油は全てインドなどからの輸入に頼るが、それでも年間生産量350トンのうち20~30トンを輸出している。「ジャパニーズミント」のブランド力は、今も欧州や中国の一部で健在という。

政府は衣食住やファッションなどの海外展開を支援する「クールジャパン政策」を進める。長岡社長は「クール（さわやか）なミントはこの政策にぴったり」と、輸出増に取り組んでいる。

（高見雄樹　2015年1月21日）

本社で重さ2キロのハッカの結晶を持つ長岡良輔社長。「高齢化で湿布剤など医薬品向けの需要が伸びる」とみる＝西宮市西宮浜4

長岡実業

大阪・道修町で創業。1895（明治28）年に横浜へ本社を移すが、1923（大正12）年の関東大震災で神戸へ。1993年に現本社、工場を西宮市に建設。2016年5月期の売上高は30億円、社員50人。長岡良輔社長は2009年から日本はっか工業組合の理事長を務める。

とろける食感生む手技

明石焼銅鍋

■ヤスフク明石焼工房

真新しい銅鍋の温かな光に包まれた作業場。最近主流の15個のほか、10個、20個など、くぼみの数が異なる製品が並ぶ。

「厚みも0・6ミリ、1・2ミリ、2ミリと、お客さんの要望で違う」。安福保弘さんは明石焼銅鍋の草分けというヤスフク明石焼工房（明石市本町2）の3代目。20歳の頃から手伝い始めて半世紀以上となる。明石焼銅鍋を手掛ける同市内で唯一の工房だ。明石

銅を使うのは熱伝導に優れているためだ。火が当たる所と周辺で温度差がある鉄と違い、まんべんなく熱が伝わる。口の中でとろける特有の食感を生む銅鍋は「絞り出し」という手法で作られる。

1枚の板をバーナーで熱しては、カシの木づちで寄せるようにたたき、くぼみを生み出す。「焼きむらができないよう、厚みを均一にするのが大事。プレス機が当たる部分が薄くなる機械製とは仕上がりが違う」。しわしわになったくぼみの周辺を平面に整えたときには、もとの板より5％くらい小さくなっている。

「B―1グランプリ」などで知名度が高まる明石焼。全国各地から問い合わせが寄せられる。が、根気が要る地道な作業で製

作できるのは1日に1・5枚程度。「これだけでは食べていけないから人には勧めない。このままでは自分が最後」。

銅鍋に限らず、日本では手工芸の技術を守る仕組みがないと嘆く安福さんの一言が響く。「明石のタコ、店、鍋作り、三つがそろって明石焼ができると思うんやけど」。

（辻本一好　2015年11月25日）

「好きで、まめできちょうめんでないとできない。それに腕一本の職人には厳しい時代」と言う安福さん＝明石市本町2

ヤスフク明石焼工房

20～30年使える銅鍋は1万～3万円。市内約70の明石焼専門店のうち、7～8割が使っているという。500個程度焼けるという生地の粉（980円）も販売。焼き方の指導もしている。
TEL 078・911・2855

毎年の改良が定番支える
クレラップ

■クレハ

2013年7月で発売から53年。サランラップ（旭化成ホームプロダクツ）とともに、家庭用ラップ市場の8割を押さえている。クレハ（東京）の年間生産量1億本強のうち、茨城県の工場が主力だが、西日本向けの約3割は、丹波市柏原町の樹脂加工事業所が担い、スーパーなどに配送する。

丹波地方はかつて国内有数の養蚕地帯として栄えた。クレハの源流の繊維大手・呉

クレハ樹脂加工事業所でつくるクレラップ。左は、チーズの包装フィルムをはがす際に引っ張る赤い「カットテープ」。これも製造する＝丹波市柏原町北中

羽紡績（現東洋紡）もこの地に関係会社の柏原製糸を設けていたが、１９５０年代に化学繊維の開発などで養蚕が衰退し解散した。その工場跡で１９５９（昭和34）年から、クレハが業務用の食品包装フィルムを製造することになった。

　同フィルムは六甲バター（神戸市中央区）のスティックチーズや伊藤ハム（西宮市）のソーセージなどの看板商品を包み、阪神工業地帯の食品産業を陰で支えた。生産の大部分は海外に移り、１９８６（同61）年以降はクレラップの生産に切り替わった。

　皿にピタッとくっつくのは、ラップ表面の分子が隙間なく並び、滑らかだから。工業用の塩が７割、石油３割で作る塩化ビニリデン樹脂の特長だ。

　１９８９年に箱の中央を親指で押し、Ｖ字刃でラップを切る方式にしてからは、「ＮＥＷ《ニュー》クレラップ」を名乗る。ここ10年は毎年改良を実施。植田賢二副事業所長は「今年は箱の表面加工を工夫し、さらに切りやすくしました」。進化が定番商品を支える。

（高見雄樹　２０１３年７月31日）

クレハ

1944（昭和19）年、呉羽紡績（現東洋紡）の化学品部門が呉羽化学工業（現クレハ）として独立。2016年3月期の連結売上高は約1425億円。うちラップなど家庭用品は約190億円。樹脂加工事業所（柏原）では3交代、24時間体制で75人が働く。

軽さと着心地を追求

ハンドメード紳士服

■柴田音吉洋服店

「イタリアや英国などから仕入れた生地が500種類近くそろうのは、うちぐらいでしょう」。神戸・元町商店街にある老舗テーラー、柴田音吉洋服店（神戸市中央区）。5代目社長の柴田音吉さんが、誇らしげに迎えてくれた。

店内に並ぶ生地を手に取ったり、サロン風の応接室で話したりしながら、じっくりと選ぶ。採寸後は、「現代の名工」にも選ばれた稲沢治徳さんが裁断し、職人が縫製を行う。すべてハンドメード。スーツの上着なら6万針を要して仕上げるという。

近年、スーツ業界では軽量化がテーマだが、同社では1960（昭和35）年にいち早く、盛夏用の服で軽さを追求した「クールスーツ」を作ったという。冬物も軽くしてほしいとの要望を受け、稲沢さんらが試行錯誤を重ねた。カシミヤやツイード、シルクなどの素材で、軽くて動きやすいが耐久性にも優れたスーツ作りに挑んだ。

2009年、従来より約400グラム軽い商品を開発。稲沢さんは「成功のポイントは良い生地の選び方と肩回りの縫製技術」と胸を張る。

世は既製品が主流となり、ミラノやロン

ドンなどでも老舗テーラーは往時の隆盛は見られない。日本人初のテーラーとして初代の柴田音吉さんが元町に店を構えて130年余り。技術へのあくなき追求で、ハイカラ神戸の源流を守り続けている。

（桑名良典　2014年4月2日）

「軽さと着心地のよさを感じてほしい」。仕立てたスーツを持つ稲沢治徳さん＝神戸市中央区元町通4、柴田音吉洋服店

柴田音吉洋服店

1883（明治16）年創業。神戸・元町商店街に店を構える。明治天皇や伊藤博文らの洋服を仕立てた。社名は柴田音吉商店で店名が柴田音吉洋服店。売上高非公表。職人たち約10人で月20～30着の注文をこなしている。
TEL 078・341・1161

愛情が宿る柔らかさ

新生児用肌着

ファミリア

「肌着は生まれて初めて身につけるもの。赤ちゃんのネクストスキン（第二の肌）と思っています」

子ども服のファミリア（神戸市中央区）生産部の宇野はるこさんが話す。数十回洗濯しても型崩れせず、肌になじみ汗をしっかり吸収する。

生地はほどよい伸縮性が特徴の「フライス編み」を採用。国産の上質な綿糸を、通常の生地を編む約10分の1の速度で少しずつゆっくりゆっくり編んでいく。「効率は悪いのですが、糸や生地に負担がかからない」。こうした考え方に共感した生地メーカーが、同社だけのために国内工場で50年来同じ編み方を守っている。

縫製にも工夫がある。新生児の敏感な肌に刺激を与えないため縫い目は外向きで、品質表示のタグも外側に付けた。今では多くのメーカーが採用しているが、国内で初めて取り入れた。身ごろの打ち合わせを結ぶひもには、ほつれ止めの処理が丁寧に施してある。「糸に指が絡まってけがをしないように」。

利用者からは「着替えがスムーズ」「この肌着を着せると子どもが喜ぶ」「1歳に

なってもまだまだ着られそう」などの声が寄せられる。毎日着る肌着は数が必要でも、2人目からは「ファミリアだけ」とこだわる人も。

4人の主婦が戦後間もなく「お母さんの気持ちになってものづくりを」と始めた同社。上質で柔らかな風合いに愛情が宿っている。

（鎌田倫子　2013年12月4日）

「肌着には赤ちゃんへのやさしさが詰まっている」と話す担当の宇野はるこさん＝神戸市中央区、ファミリア

ファミリア

1948（昭和23）年創業。ベビー用品や子ども服を製造販売し、直営店や百貨店など全国に約120店。肌着は低体重児向けの小さいサイズも販売。従業員は約800人。2016年1月期の売上高は119億9200万円。
同社 TEL 078・291・4567

ハイカラ育む職人技

帽　子

■マキシン

神戸のハイカラ文化を育んだトアロードに店を構える老舗帽子店。皇室や五輪の日本選手団向けなど幅広く使われてきた。

創業者は帽子職人だった故・渡邊利武さん。もともとは横浜の帽子店の神戸店長だったが、１９４０（昭和15）年に独立開業した。戦後は占領軍の将校夫人らが、しゃれた帽子を求めて訪れたという。

その後、百貨店での販売が転機となり、航空会社の客室乗務員の制帽をはじめ、１９７０（同45）年の大阪万博ではスイス館の夏帽を手掛けた。１９７５（同50）年からテレビ番組「ノックは無用！」の「帽子で変身」コーナーに商品を提供したことで、一気に知名度が上がった。

社名の由来はラテン語で最高を意味するマキシマム。「最上の技術と素材で提供する。創業の思いは今も受け継がれています」と創業者長男の妻で3代目社長、渡邊百合さん。

工房には丸型や四角、ベレー帽などあらゆる形の木型が約千個並ぶ。20～70代の職人約20人が布を木型に合わせ、蒸気に当てて変形させていく。流行は変わっても、創業以来の丁寧な手作業は変わらない。

エレガントな帽子が並ぶ店内。「かぶる人の気持ちを明るくしたい」と渡邉百合社長＝神戸市中央区北長狭通2、マキシン

渡邉さんが目指すのは「神戸から世界への発信」。2010年には仏で開催された国際コンテストで女性職人の作品が総合1位に輝いた。「神戸港の開港以来、各国の文化を吸収し、最新モードを発信してきた神戸。これからも時代に合った提案を続けたい」。

（井垣和子　2012年10月24日）

マキシン

創業の地は生田神社（神戸市中央区）の東側で、今の東門筋辺り。トアロードには1954(昭和29)年に移転。1960（同35）年ごろに作った社歌は「浪花のモーツァルト」として親しまれているキダ・タロー氏が作曲。従業員90人。売上高は非公開。

児童の6年間支えて70年

ランドセル

■セイバン

「♪ラララン、ランドセルは～」のＣＭでおなじみの「天使のはね」シリーズで知られるセイバン（たつの市）のランドセル。

皮革産業が盛んなたつの市御津町で、終戦翌年の１９４６（昭和21）年に生産を始めた。戦後復興が進み、高度経済成長期を迎えると、小学生の通学用かばんとして定着していった。

ランドセルの歴史は古く、日本では、江戸時代末期に、軍用の布製背のうとして幕府がオランダから導入した。名称は、背のうを意味するオランダ語「ランセル」がなまって定着したとされる。もともとは、子どもの通学用かばんではなかった。

同社が生産を始めて約70年。現在のシェアは約３割を占め、業界トップを誇る。主力商品は、２００３年に発売した天使のはねブランドだ。軽くて丈夫な人工皮革を使い、知恵と技術を凝縮させた。

「実際の重量もさることながら、『体感重量』にこだわったんです」と、広報担当の井上さゆりさん。本体と肩ベルトとの角度を工夫して、荷重を肩だけでなく、背中や胸にも分散させ、背負ったときに軽く感じるよう工夫した。

また、肩ベルトや留め具は、体にフィットするようカーブを付けており、背負うと背筋がピンと伸びる感じになるという。

たつの、宍粟、姫路の3工場で生産。職人によるきめ細かい手作業が、子どもたちの6年間を支えている。

（西井由比子　2015年3月18日）

人工皮革で軽く、背負いやすいよう工夫がこらされたランドセル。かつてはブリキや革のものもあった＝たつの市御津町、セイバン

セイバン

1919（大正8）年、たつの市出身の泉亀吉氏が皮革製品販売の泉亀吉商店として大阪市で創業。1946（昭和21）年たつの市に本社工場設立、1986（同61）年セイバン。社名は「西播」「製かばん」から。2016年3月期の売上高は約65億円。

地の利生かし強み磨く
スニーカー
塩谷工業

姫路市飾磨区の住宅街に国内最大規模のスニーカー工場がある。地元の靴メーカー塩谷工業が運営。人気のスポーツ靴「パトリック」を生産している。

トレードマークは斜めの2本線。フランスの人気ブランドだ。大量生産はせず、一部に革を使うなど素材やデザインに定評がある。

「多品種少量生産で、年間200種類の新作を提案できる当社の強みが生きてい

素材やデザインにこだわりが光るパトリックのスニーカー。左端は世界長の「パンサー」＝姫路市飾磨区恵美酒、塩谷工業

る」。会長の塩谷宜資《たかし》さんが胸を張る。

同社は、相手先ブランドによる生産（OEM）で、国内やアジアで販売権を持つ企業にパトリックのスニーカーを供給。ほかにもプーマなどの製品を手掛ける。

もとはマッチを製造していた。昭和初期にゴム製運動靴や長靴の生産を始め、戦後、ケミカルシューズに参入。米国へも輸出した。

スニーカーは1973（昭和48）年から。履物大手、世界長（現世界長ユニオン）の人気スニーカー「パンサー」を受託したのがきっかけだ。

年130万足を生産し「ノウハウを学べた」と塩谷さん。例えば、ミシンで部材を縫い、ゴム底と甲の部分を接着する技術などで、外国産と差が出るという。

ノウハウを注ぎ込んだパトリックは1990年、2千足の受注から始め、現在は年間20万足を生産するまでに。

姫路は国内最大級の皮革産地。ケミカルシューズ産業が集積する神戸にも近い。塩谷さんは「地の利がある。今後も多品種を生産できる強みを磨きたい」と意気込む。

（高見雄樹　2014年4月23日）

塩谷工業

1927(昭和2)年、塩谷ゴム工業所として創業。スニーカーの生産を手掛け、姫路の工場で年産32万足、ベトナムなど海外で同約30万足。従業員60人、2016年3月期の売上高は約22億円。事務機器販売の子会社も持つ。

「速く」児童の夢後押し

運動靴「タイゴン」

■アシックス商事

タイガーとライオンを組み合わせたのが商品名の由来で、いかにも速く走れそうだ。アシックス商事（神戸市須磨区）の「タイゴン」は、小学生向けの運動靴で草分け的な存在という。

発売は１９８４（昭和59）年。靴の資材商社だった同社初の自社ブランドだ。現在の親会社で、当時資本参加していたアシックスの商標を用いて「アシックスタイゴン」として売り出した。

「子ども靴といえば、綿の通学用が一般的な時代。運動靴は珍しかったようです」と企画開発部の岸本雅貴さん。アシックスのブランド力も加わって一躍人気を博し、他社も次々と市場に参入した。

しかし、２０００年代には、競合するアキレス（東京）の「瞬足《しゅんそく》」が大ヒット。しばらく独走状態を許したが、10年に新シリーズを投入したことでタイゴンも盛り返した。

新シリーズは、米大リーガー・イチロー選手の送球にちなみ「レーザービーム」と命名。アシックスのスポーツ工学研究所でプロ向けのスパイク開発に携わるチームが協力した。スパイクの形を工夫してスター

タイゴンを持つ岸本さん。男児が好みそうな色やデザインを展開＝神戸市須磨区弥栄台３、アシックス商事

トダッシュをしやすくするなど機能性を高め、通学に使ってもらうため耐久性にもこだわった。

発売半年で予想を４割上回る70万足を販売し、２０１３年度はタイゴン全体の９割近くとなる１３０万足にまで成長した。「速く走りたい」という子どもの憧れは、いつの時代も変わらないのだろう。

（土井秀人　２０１４年６月４日）

アシックス商事
1955（昭和30）年設立の「弘吉商事」が前身。2014年３月にアシックスの完全子会社となった。紳士・婦人靴のブランドも持つ。売上高は非公表。神戸市須磨区弥栄台3−5−2

四半世紀ぶり〝虎〟復活

オニツカタイガー

■アシックス

よみがえった虎が所狭しと世界市場を駆けている。スポーツ用品大手アシックス（神戸市中央区）の「オニツカタイガー」。かつては競技用で世界のトップアスリートを魅了したが、1977（昭和52）年、ブランドの再編で姿を消した。2002年に復活すると、今度はファッション・ブランドとして脚光を浴びている。

発売は1949（同24）年。アシックス

オニツカタイガーのシューズ。側面のデザイン「アシックスストライプ」が特徴だ＝神戸市中央区三宮町2、オニツカタイガー神戸

創業者の鬼塚喜八郎氏（故人）が神戸・三宮で「鬼塚商会」を起こし、バスケットシューズを開発。ブランド名にはアジア最強の動物「虎」を重ねた。

ランニングシューズなども手掛け、１９６４（同39）年の東京五輪では各国の選手が採用。しかし、１９７７（同52）年にウエア会社２社と合併した際、ブランドを「アシックス」に統一し、オニツカを封印した。

アシックスは競技用のイメージが強かったが、オニツカの復活でファッション分野へ進出を果たした。「メキシコ66」「コルセア」といった人気シリーズは、かつての商品を忠実に再現。クラシックなデザインが新鮮に映り、オニツカ時代を知らない若者たちにも支持された。

最近では、米ブランドの「ＣＯＡＣＨ（コーチ）」や、イタリアのデザイナーなどとのコラボレーションも活発。オニツカタイガー事業部長の庄田良二氏は「当初は競技用の復刻が多かったが、近年はよりファッション性を高めている。過去と現代の融合を進化させる」と意気込む。

（土井秀人　２０１４年２月26日）

アシックス

スポーツ用品で国内最大手。2015年12月期の売上高は4284億9600万円で海外が76.4％を占める。オニツカタイガーの売上高は約276億円で、直営店は世界で112店ある。

発売90年、ぬくもり紡ぐ
ビクター毛糸
■ニッケ

絵の具のような鮮やかな色が目を引く。1923（大正12）年、国産初の先染め毛糸として誕生したニッケ（本店・神戸市中央区）の「ビクター毛糸」。発売から90年がたった今も、年に約10～20の新製品を世に出し、品ぞろえは約100種類に上る。

毛糸製品が普及したのは第1次世界大戦後。洋装が広まり、世界大恐慌で毛糸相場が暴落したことなどが背景にある。その需要に注目し、軍服用ウール生地の製造技術を生かして旧加古川工場で生産を始めた。

オーストラリアから輸入した羊毛を洗ってほぐし、引き伸ばして染色した後、よりをかけて完成する。最盛期の昭和40年代には年間2千トンを出荷し、年70億～80億円を売り上げた。

「編み機が嫁入り道具の時代で、くしで糸目を整えた毛糸の束が百貨店にずらりと並んでいた」。こう振り返るのは販売元のニッケ商事（大阪市）の山田睦郎営業担当部長。しかし安価な化繊製品などに押され「日用品から趣味用品になった」。売り上げもピーク時の10分の1ほどに。

それでも新商品開発には余念がない。糸の色や質感など付加価値を高める。糸の色

「勝利者」を意味するビクター毛糸。日本で初めてウールマーク表示の承認を得るなど、業界を引っ張ってきた＝大阪市中央区、ニッケ本社

が不規則に変化していく「こまち」は筒状に編んでから、しま模様になるように染色し、再びほどいて製品にする。山田部長は「時間も手間もかかる手編みだが、独特の風合いは既製品にない輝き。何よりも心が温かくなるでしょ」とにっこり。

（中務庸子　２０１３年８月28日）

ニッケ（日本毛織）

1896（明治 29）年、神戸で創業。現在は全国4カ所の生産拠点で、学生服や企業ユニホームなどの衣料繊維、フェルトなどの産業機材を製造する。従業員 4755 人。連結売上高は1028億5400万円（2015年11月期）。

研究重ね独自商品次々

コンタクトレンズ用目薬

■千寿製薬

コンタクトレンズを装着したまま点眼できる「マイティアＣＬ」は年間販売数約４００万本。千寿製薬（大阪市）のヒット商品だ。

「♪ソフトでも　ハードでも」。商品の特徴を盛り込んだテレビＣＭは多くの人の心をつかみ、「社名より有名でしょ」と商品企画グループマネジャーの本田友男さんは笑う。

ずらりと並ぶ「マイティアＣＬ」シリーズ。商品企画グループマネジャーの本田友男さん（右）は「自分に合った商品を」と話す＝大阪市中央区平野町2、千寿製薬

日本初のコンタクトレンズ専用目薬として誕生したのは1980（昭和55）年。コンタクトレンズの普及が進むにつれ、使用者から「目が乾燥しやすい」との声が出ていた。そこで目も傷めず、レンズの性質を変えない独自商品の開発に取り組んだ。

同社は神戸市西区とポートアイランド2期地区に研究拠点を構え、目薬を含めた新薬の開発に取り組む兵庫ゆかりの企業。マイティアCLの生産は他社委託だが、兵庫県福崎町に加え、佐賀県にも工場を持つ。

1999年には清涼感を持つ「クールタイプ」を発売。時代とともに新タイプの商品を次々と生み出してきた。2013年2月には「うるおい感の持続」を特長にした新商品が出た。「とろっとした粘りのある液体で角膜の表面を柔らかく覆うのが特徴」（本田さん）という。

商品開発を支えるのが技術力だ。売上高の9割は医療用。医療機関との連携を生かし、アレルギー性結膜炎に対応した市販用目薬もある。本田さんは「使用者の要望に応える商品を今後も届けたい」と力を込めた。

（桑名良典　2013年2月20日）

千寿製薬

1947（昭和22）年、大阪市天王寺区で創業した眼科薬大手。目の乾きや疲れに効果的な目薬を開発、タレントを使ったテレビCMでも注目を集めた。一般用目薬の販売は武田薬品工業に委託。2016年3月期の売上高は約377億円。従業員880人。

挑戦続け市販でトップ

コトブキ浣腸

ムネ製薬

「スッキリ宣言！」。青いパッケージの箱に、明快なキャッチコピーが躍る。

薬局の店頭に並ぶコトブキ浣腸《かんちょう》。淡路島のムネ製薬（淡路市）が製造し、市販の浣腸薬では国内トップシェアだ。

明治時代に膏薬《こうやく》メーカーとして創業した。「浣腸薬は副業として昭和初期に始めたんです」と西啓次郎会長が話す。本格参入したのは１９７３（昭和48）年ごろ。膏薬市場では大手メーカーに押されていた。一方、浣腸薬は市場規模が膏薬のわずか1割だが、最大手のイチジク製薬に何とか対抗できる規模だった。「やれる」と判断した。

いざ店頭で調べると、イチジク浣腸を指定する客が多かった。そこで単価を下げて、当時主流だった2個入りを5個入りにして「こっちがお得ですよ」と勧めてもらった。売り上げは一気に伸びた。

１９８７（同62）年には医療用にも進出。医師らが患者に使うためノズルが約12センチと4倍ほど長い。そのノズルを一般用に付けて売ると、介護用として人気が高まった。

２００６年には、使用後の容器内に薬が残るという客の意見に対応し、容器を蛇腹式にした新製品「ひとおし」を発売。残る薬が減り、人気を得ている。

商品名の由来は「長寿」。ライバルに挑み、阪神・淡路大震災の工場被災も乗り越え、今やロングセラーに。「とにかくお客さんに喜んでもらうため、汗と知恵を絞る」。西会長が力を込めた。

（松井　元　2013年8月7日）

コトブキ浣腸を手にする西啓次郎会長。後ろは同社のキャラクター「ひとおしくん」＝淡路市尾崎

ムネ製薬

1906（明治39）年に「宗製薬所」として創業。膏薬の製造・販売を始め、その後、浣腸薬も手掛ける。1947年に現社名で株式会社化。1973年ごろから浣腸薬に本格参入。資本金1700万円、従業員約85人。2015年7月期の売上高は約11億円。

主成分、ワックスが継承

丹頂チック

■マンダム

丹頂マークのスティック状の容器、独特の芳香。おしゃれな男性に愛され80年。今も国内約5千店で年間10万本が売れる逸品だ。チックはコスメティックの略。メキシコ産の草からできる「キャンデリラろう」などを原料に、マンダム（大阪市）が初めて開発した。手にべとつくポマードに代わり、さっと髪をセットできると大ヒット。戦後もリーゼントなどの髪形に欠かせない存在

発売80周年の丹頂チック（左）と国内シェア1位のワックス「ムービングラバー」を手にする藤原さん。後方にあるのは「丹頂マーク」のついた看板＝大阪市中央区十二軒町、マンダム本社

だったが、ヘアスタイルの変化で1960年代以降はリキッドやフォーム（泡）、ジェルに主役を徐々に奪われた。

1986年まで同社唯一の国内製造拠点、福崎工場（兵庫県福崎町）で生産された。現在はインドネシアでつくり、神戸港へ。福崎で検品して全国発送している。

同社によると、国内の男性用整髪料のシェア1位はワックス（24％）。チックとポマードは計2％だ。

品質保証室長の藤原延規《のぶき》さんは1983（昭和58）年の入社直後、工場でチックを作っていた。「高温の原料を銅製の型に流し、成型する作業が熱くて」。1990年代後半、カリスマ美容師ブームに乗ってチックの進化形であるワックスが注目された。

看板商品のワックス「ギャッツビー　ムービングラバー」の開発に携わった藤原さんは「髪を整え、長持ちさせる成分を調べると、チック原料のキャンデリラが一番だった」という。

2012年は前年比5％増の950万個を販売。丹頂チックのDNAは脈々と受け継がれている。

（高見雄樹　2013年3月6日）

マンダム

1927（昭和2）年、金鶴（きんつる）香水として創業。「ギャツビー」「ルシード」の二大ブランドを持ち、男性化粧品では国内トップ級。2016年3月期の連結売上高は751億円、純利益64億円。グループ社員は約2700人。東証1部上場。

革新続け伝統の火を今に

絵ろうそく

■松本商店

伝統工芸品から生まれたロングセラーがある。

松本商店の「絵ろうそく」。ユリの花が描かれた和ろうそくに点火すると、オレンジ色の柔らかな炎が揺らめいた。

「和ろうそくの炎は消えにくく揺らぐ。仏壇で仏様が笑っているように見えます」。4代目社長の松本恭和さんが目を細める。

一般に普及している洋ろうそくはパラフィンが原料だが、和ろうそくは植物のハゼの実などからとったろうで作られる。室町時代に中国から伝来した。ただ、洋ろうそくより高価で、芯を切る手間もあり需要が減少。今や国内で製造するのは30軒ほどで、兵庫県内では松本商店のみになった。

「創業当時から付き合いのある神社仏閣のおかげです」と松本社長は謙遜するが、27年前に家業を継いで以降、小売りを始めるなど需要拡大に努めてきた。

「絵ろうそく」もその一つ。北陸などの寒冷地では花の代わりに絵ろうそくを仏壇に供えると知り、「関西でも広めたい」と二十数年前に取り組み始めた。

一度に100本ができる木型にろうを流し込み、自然に冷やし固める。その後、絵

燃やすのがもったいないという人も多いが、「燃えることで仏様に花が届いたと思って」と松本さん＝西宮市今津水波町、松本商店

師が一本ずつ手描きして仕上げる。季節ごとに変わる絵柄などが支持され、今では売り上げの半分を占める看板商品となった。

「和ろうそくはすすが取れやすく、仏具を傷めない。そんな特性も喜ばれている」と松本さん。革新を続ける限り、伝統の火は消えない。

（末永陽子　2013年5月8日）

松本商店

1877（明治10）年、初代が姫路市のろうそく店からのれん分けで大阪市で設立。戦後、西宮市へ。2002年に法人化した。神戸市中央区の観光施設「北野工房のまち」で体験教室も開いている。従業員約20人。

時代に応じた商品追求

線香「宝」シリーズ

■薫寿堂

「伝統産業でもニーズをつかめば、ヒット商品を生み出せる」

自らそれを証明したのが、淡路島の線香メーカー薫寿堂《くんじゅどう》（淡路市）だ。会長の福永稔さんらは1975（昭和50）年、煙を抑え、花の香りを付けた線香の「宝」シリーズを発売した。ピークの1990年ごろには、会社全体の売り上げを約20倍にまで伸ばした。

誕生のきっかけは、大阪市内の仏壇店で営業中に聞いた女性の一言。「線香くさくない商品はありませんか?」。よくよく聞くと、家で線香をたくと、子どもの服ににおいがついて学校でからかわれるという。

早速、開発に着手した。線香のにおいのもとは、主原料の「椨《たぶ》」の木の皮。代わりになりそうな木材を数十種選んで炭にして試したが、どれも燃やすとパチパチと音がして使えない。1、2年後、「ヤシ殻の活性炭を使ってはどうか」と商社から提案された。たばこのフィルターの材料や脱臭剤にも使われている。試すと、煙が少なく無臭で、仕入れ値も手頃だった。

着想から3年で完成。会社の宝となるよう「宝」と名付け、日本人が好むバラとスズランの香りを付けて発売すると、作っても追いつかないほどの人気となり、1986(同61)年には工場を新設した。現在、「宝」を含めた取扱商品は4シリーズ・50種類以上に膨らんだ。

「今後もお客さんの声に耳を傾け、時代に合う線香を作りたい」。福永さんの姿勢は不変だ。

(松井　元　2013年5月22日)

「宝」シリーズの線香を手にする薫寿堂会長の福永稔さん=淡路市多賀

薫寿堂

1893(明治26)年に「福永線香店」として創業し、従来の廻船(かいせん)業とともに線香の生産を始めた。1909(同42)年から線香に専念。1992年に現社名となった。資本金2800万円、従業員約80人(パート含む)、2016年3月期の売上高は約11億円5千万円。

マッチ

111年間ともす淡路の火

兼松日産農林

港町・神戸で明治初期に興ったマッチ産業。実業家で「マッチ王」と呼ばれた故滝川弁三氏が率いた「清燧社《せいすいしゃ》」の淡路工場を起源とするのが、兼松日産農林（東京）の淡路工場だ。1905（明治38）年、淡路島東岸の生穂川河口で操業を始めて以来、111年間にわたってマッチだけを作り続けてきた。

「小規模業者らが、滝川さんに一貫生産工場を建設し、働く場をつくってほしいとお願いしたそうです」。同社の前川和範淡路工場長が説明してくれた。

雨が少なく、温暖な瀬戸内はマッチ作りの適地。ポプラ材の軸木やてっぺんに付ける「頭薬《とうやく》」、箱の側面の「側薬《そくやく》」など乾燥工程が多いからだ。国際貿易港の神戸に近く、原材料や製品の輸出入にも便利だった。

ラベルはおなじみの桃印、ツバメ印など6種類。スーパーやホームセンターで販売される家庭用マッチではトップシェアを誇る。

工場をのぞいた。大きな自動製造機には、赤い頭を上に無数のマッチが並び、点描画のようだ。

「この機械の保守技術を継承するのが一番の課題」と前川さん。社員が職人技で年代物の機械を微調整する。戦後最盛期の1970年代には月に6億5千万本を生産したが、ライターの普及で激減した。

それでも仏壇にはマッチが似合う。前川さんは「両手で火を付ける道具はマッチだけ。先祖を敬う日本人気質に合うのでしょう。マッチの火を守ります」。

（高見雄樹　2016年2月3日）

※兼松日産農林は2016年9月、マッチ製造から2017年3月末に撤退すると発表しました。

桃印のマッチを手にする前川工場長。桃には「長寿と厄よけ」、関東で人気のツバメ印は「海外雄飛」の意味が込められている＝淡路市生穂、兼松日産農林淡路工場

兼松日産農林

東証1部上場の木材加工会社。1989年に商社の兼松が資本参加した。2016年3月期の連結売上高は116億円。うち、マッチや淡路での太陽光発電など「その他事業」は3億5千万円。淡路工場の従業員は約20人。

職人技継承、大きな使命

仏壇

■浜屋

「お仏壇の、浜屋〜」のテレビCMでおなじみ。創業200年を超える仏壇製造販売の浜屋（姫路市）。JR姫路駅前のみゆき通り商店街にある姫路本店には、約200基の仏壇がずらりと並ぶ。

「50年に一度のお買い物だけに職人技の出来栄えを間近で見て、納得して買ってもらいたい」。同社の坂田正美常務は、展示の狙いをこう説明する。

価格帯はさまざま。売れ筋は木目が美しい唐木《からき》仏壇。3万円〜500万円ほどで、6割の人が購入する。豪華絢爛《けんらん》な外観で伝統工芸品でもある金箔《きんぱく》仏壇は千万円を超えるものもある。最近は、場所を取らない小さな家具調仏壇も人気だ。

仏壇や仏具の種類は宗派や地域によって違い、購入の際には丁寧な説明が欠かせない。家族構成や部屋の広さ、予算などをじっくり聞いて絞り込む。決めるまでに2時間程度かける。

仏壇の製造は、木材の切り出しから組み立て、装飾など、工程ごとに分業で行う。浜屋の特色は、1968（昭和43）年、姫路市内に直営工場を新設・移転し、一貫生産体制を確立したことだ。

200年近い伝統の技で豪華絢爛な装飾を織りなす金箔仏壇＝姫路市紺屋町56、浜屋姫路本店

同工場では、約20人の職人が、彫りや漆塗り、金箔押し、彩色など多彩な工程を手掛ける。家紋や特別な装飾を施す特注品の金箔仏壇でも、スムーズに対応できるのが強みだ。

「伝統工芸品でもあるだけに、職人の技の継承も当社の大きな使命なんです」。坂田常務が力を込めた。

（桑名良典　２０１５年５月20日）

浜屋

1804（文化元）年創業。1932（昭和7）年に姫路店開設、1970（同45）年に神戸・元町に神戸店を開業して、チェーン展開をスタートした。現在は、関西を中心に38店舗を構える。従業員約330人（パート含む）。2015年度の売上高は約58億円。

純国産、世に送り1世紀

機械式上皿はかり

■大和製衡

グラム単位で目盛りが打たれた大きなダイヤル。金属製の皿に物を載せると長い針がくるっと回転して、重量を指し示す。その名も「機械式上皿はかり」。かつては商店の軒先で量り売りの道具として使われる光景が、あちこちで見られた。

はかりメーカーの大和製衡（明石市）が生産。航空機などを手掛けた前身の川西機械製作所として創業した1920（大正9）年ごろから扱う。

「川西機械製作所の時代から今まで生産を続けている、極めてまれな製品」と執行役員の國﨑啓介さんが胸を張る。

大和製衡によると、機械式上皿はかりは国内メーカー3社が生産し、同社はシェア6割を占める最大手。しかも唯一、部品調達から組み立てまで全工程を国内で行う「純国産」を世に送る。

ただ、需要は年々減っており、2005年に約25万台だった国内市場の販売台数は、現在では4割以上減り約14万台と推定される。

デジタル式はかりが機械式と同じ価格帯で買えるようになり、より速く、高精度のデジタル式を選ぶ人が増えているためだ。

「機械式は手作業でつくるため、生産台数が減ると1台当たりのコストがかさむ」と國崎さん。ただ「看板製品の一つであり、製造は堅持する」と言い切る。

衝撃を受けても正確さを失わない丈夫さはデジタル式にない強み。深緑色のボディーは、レトロな輝きを放ち続ける。

（長尾亮太　2015年11月18日）

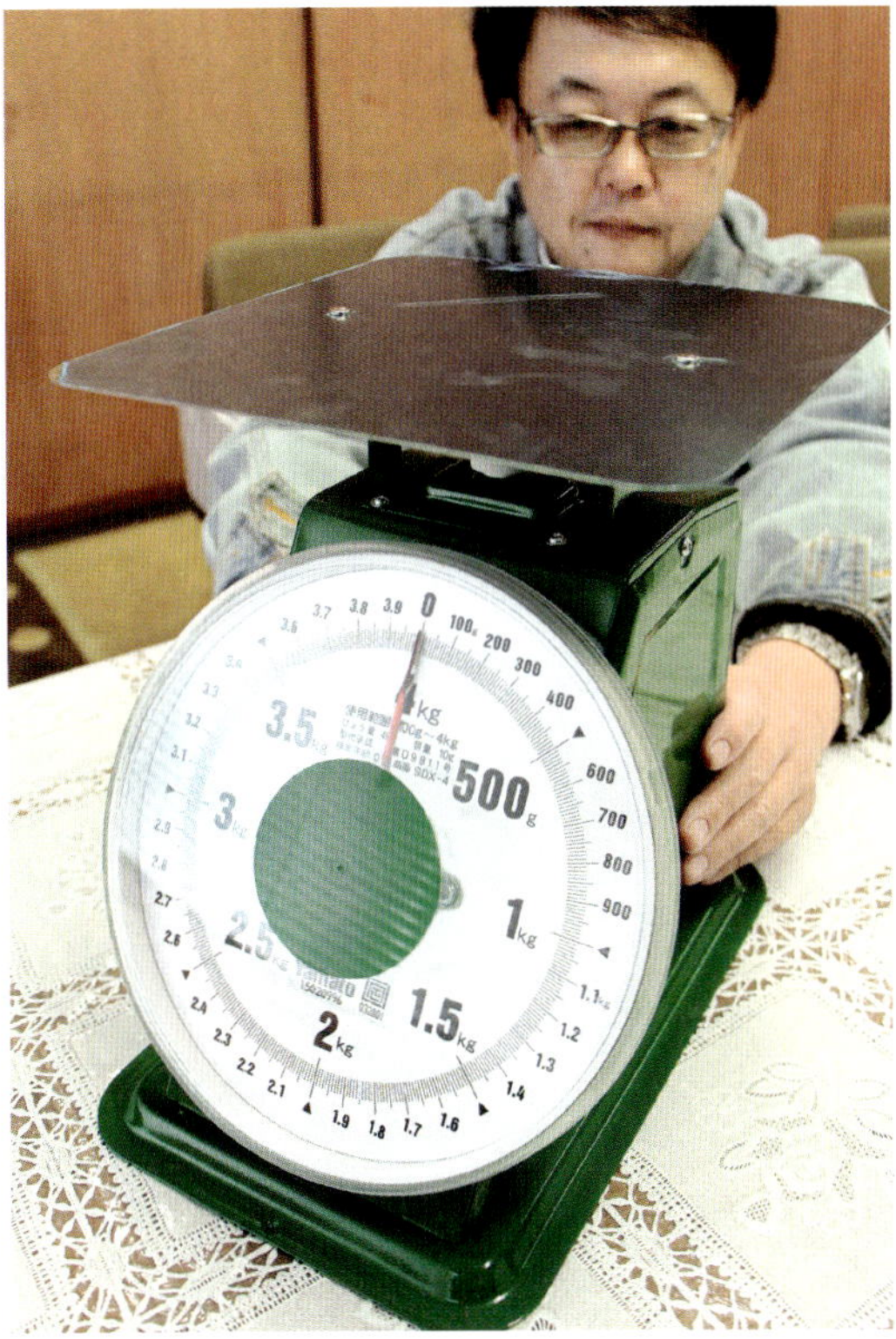

創業期から1世紀近く製造されている「機械式上皿はかり」＝明石市茶園場町

大和製衡

1920（大正9）年に川西機械製作所として創業。1945（昭和20）年に独立して大和製衡となった。従業員約500人。2016年3月期の連結売上高は249億7600万円。普及型の機械式上皿はかりの実勢価格は7千～8千円。

美しい印刷、家庭に浸透

インクジェット用紙

■三菱製紙高砂工場

年賀状や写真の印刷で家庭に浸透したインクジェットプリンター。高質の専用紙は、その性能を引き出して印刷物を美しく仕上げるのに必須のアイテムとなっている。

製紙大手の三菱製紙が専用紙の販売を始めたのは１９８０（昭和55）年。同プリンターの登場で、インクがにじまない紙が求められ、そのニーズに対応したのだ。

高砂工場は同社のインクジェット用紙の

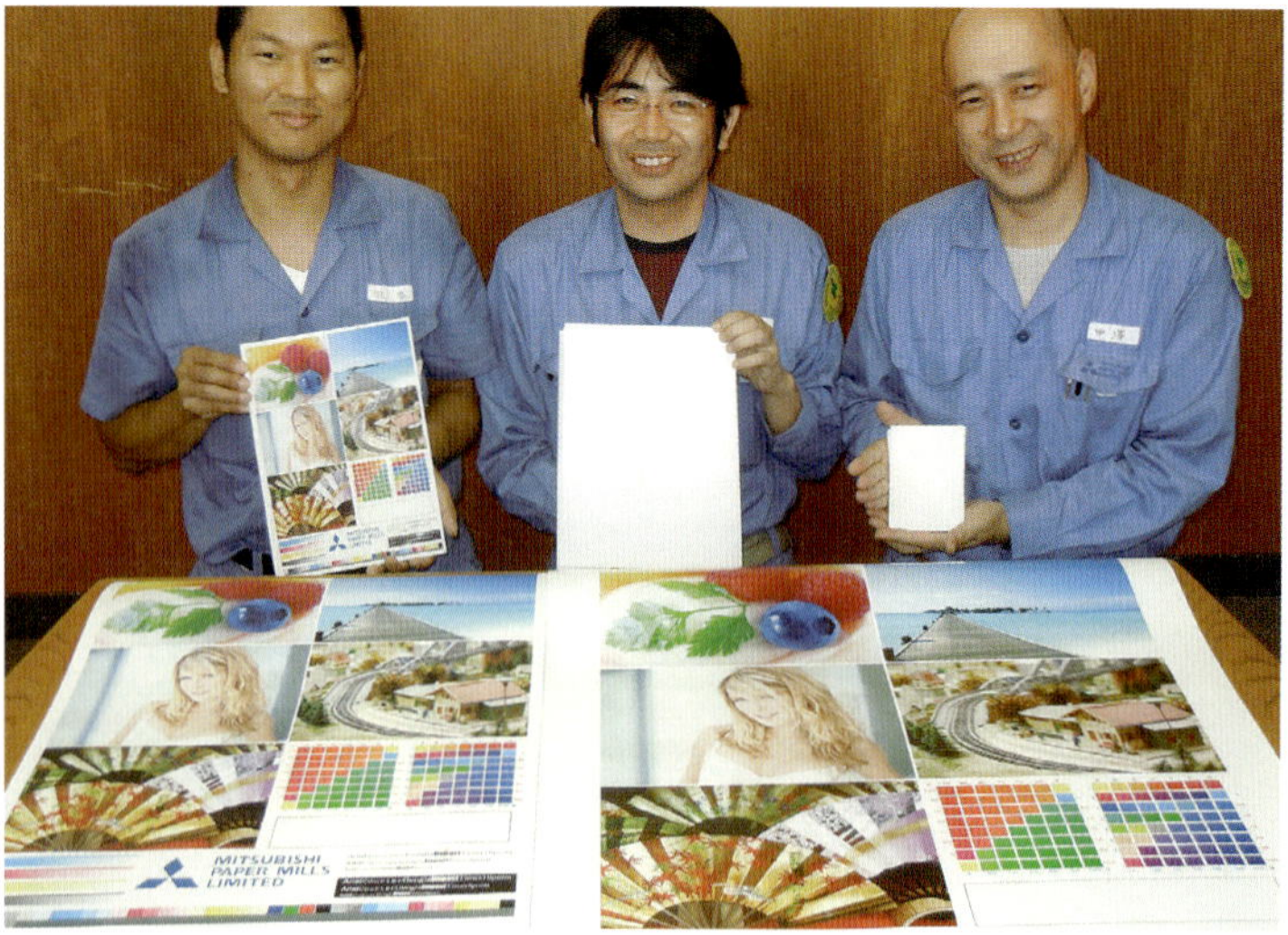

美しい印刷を実現するインクジェット用紙。ポスターなどにも使われる＝高砂市高砂町栄町、三菱製紙高砂工場

半分弱を生産する中核工場だ。１９９０年代前半、写真のように光沢のある専用紙の開発に着手。表面に透明な層を塗布する独自の手法で完成させた。

専用紙は表面に特殊加工を施す。吸水性の高い顔料の微粒子を何層にも重ね、インクが広がらないように程よく吸収させる。さらに定着剤がインクを固めて、にじみを防ぐ。

当初、印刷はモノクロの文字や数字がメインだったが、１９９０年代からカラー画像が主流になっていく。デジタルカメラやインターネットの普及で画像印刷の需要が一気に増えたためだ。

インクジェットの画像は、膨大な数の「点」を並べて構成される。一つ一つの点を小さくして数を増やせば、より精緻な絵ができるが、その分、小さなにじみも許されない。プリンターと紙との「切磋琢磨《せっさたくま》」が続く。

技術部担当課長の宇戸哲也さんは「これからも改良を重ね、より質の高い専用紙を提供していく」と話す。

（松井　元　２０１２年10月17日）

三菱製紙

1898（明治 31）年、神戸で米国人が経営していた製紙会社を旧三菱財閥の岩崎久弥が譲り受け、合資会社神戸製紙所を設立。1901（同34）年に高砂市に工場を移転。1917（大正 6）年に現社名に改称した。2016 年 3 月期の連結売上高は 2163 億円。従業員数は約 3700 人。

企業向けへの決断奏功

レッツノート

■パナソニック

軽くて頑丈で、長時間使える。パナソニックのノートパソコン（PC）「レッツノート」は、ビジネスパーソンの強い味方だ。持ち運び用ノートPC市場での国内シェアは38％と、2012年度まで9年連続でトップ（調査会社調べ）。

パナソニックITプロダクツ事業部神戸工場（神戸市西区）は年間80万台の生産能力がある。「部品メーカーの金型起こしから販売後のケアまで、全てを自社技術にこだわったメードイン神戸なのです」。清水実工場長は胸を張る。

販売の7割は企業向け。顧客に合わせて仕様を細かく変更するため、生産する機種は年間340に上る。多いときはラインを1日に10回も切り替える。組み立てを担当する熟練従業員たちが、多品種少量生産を支えている。

1996年の発売当時、家電が主力だった同社はPC市場では最後発だった。「長い苦悩の歴史があるのです」と、1987（昭和62）年の入社以来、PCに関わってきた清水さんは打ち明ける。1990年代前半はNECや富士通の全盛期。パナソニッ

DVDを再生できるドライブ付きで重さ約1キロという最新モデルを手にする清水さん。海外の顧客もよく工場の視察に訪れる＝神戸市西区高塚台1、パナソニックITプロダクツ事業部神戸工場

クは数々の失敗を重ねて、１９９０年代後半にようやく企業向けに特化したノートＰＣという「尖《とんが》った商品」（清水さん）にたどり着いた。この時、いち早く企業向けに注力した決断がロングセラーにつながった。

プラズマテレビから撤退した同社は今、企業向けビジネスの拡大など構造転換を急ぐ。

（高見雄樹　２０１４年２月５日）

パナソニック
IT プロダクツ事業部

「レッツノート」のほか屋外で使う「タフブック」の開発、製造を担う。2014 年 3 月期の売上高は 1114 億円だったが、その後は非開示。従業員千人。神戸工場はワープロ生産を目的に 1990 年開設。台湾にも工場があり、神戸で 7 割を生産する。

めでたさ、手軽に演出

豆樽

■岸本吉二商店

「よいしょ、よいしょ、よいしょ！」。威勢のいい掛け声とともに、木づちで上ぶたが割られる。鏡開きに使われる「菰樽《こもだる》」は、結婚式や祝賀会など晴れの席に華やかな彩りを添える。明治以降、工業都市として発展した尼崎だが、酒どころの灘五郷に近いこともあって、江戸時代から農家の副業として菰作りが盛んだった。今では全国3社のうち2社が尼崎にある。明治30年代に創業した岸本吉二《きちじ》商店（尼崎市）は最大手だ。

菰樽は一斗樽でも容量18リットルある。もっと気軽に鏡開きのめでたい雰囲気を感じてもらおうと、1963（昭和38）年ごろに発売したのが1・8リットルの「豆樽」だ。「日本酒を贈るのがお歳暮の定番の時代。かわいらしさも相まって人気が出ました」と岸本敏裕社長。

1990年ごろ、干支《えと》の図柄をデザインして発売した商品がヒット。現在は300ミリリットル入りなどもそろえ、外国へのお土産にも使われるようになった。低迷が続く清酒業界にあって健闘している。

新商品の開発にも余念がない。印刷技術を向上させ、結婚式などオリジナル商品も可能にした。2011年にはデザイナーらと協力して、菰樽をアレンジした小物入れ「こもらぼ」を開発。権威のあるドイツのデザイン賞も受けた。

「伝統的なものが見直されてきた。菰樽で喜びのシーンを演出してもらえたら」。伝統と革新で尼崎から世界へ静かな挑戦が続く。（土井秀人　２０１３年２月６日）

「豆樽」を持つ岸本敏裕社長。色鮮やかな柄が人気だ＝尼崎市塚口本町 2、岸本吉二商店

岸本吉二商店

2016 年 6 月期の売上高は約 6 億 7 千万円。従業員 35 人。豆樽の菰は合成樹脂を使用するが、四斗樽では山田錦のわらを使う。テーブル上で鏡開きが体験できる「ミニ鏡開きセット」などもある。岸本吉二商店 TEL 06・6421・4454

職人技の魅力を伝え200年

酒樽

■たるや竹十《たけじゅう》

木造の製造所に足を踏み入れると、杉の香りが押し寄せてきた。鏡割りしたばかりのような日本酒のにおいも漂う。思わず深呼吸した。

「吉野杉の中でも最良といわれる奈良県川上村産を使っています。樹齢は100年ほどです」。天井まで積まれた材料やたるを背に、代表の西北八島《にしきたやしま》さんが説明してくれた。

昔ながらの道具を使ってたるを作る西北八島さん（奥）ら＝神戸市灘区大石南町1、たるや竹十

創業は江戸後期の１８１９（文政２）年。当初は酒造用の大桶を作り、幕末からは酒樽《さかだる》の製造に転換した。西北さんは8代目。約40年前、亡くなった祖父の跡を継いだ。

かつて灘五郷だけで２７０軒あった製たる業者は、日本酒の消費減退などで現在全国で約10軒。その中でも接着剤を一切使わずに竹くぎで接合する江戸時代からの製法を続けているのは、ここを含め数軒という。

竹製の箍《たが》を締めるときに機械を使う以外は、すべて手作業だ。「見世《みせ》」と呼ばれる作業台で、西北さんはじめ計３人の職人が技を今に伝える。

酒造会社向けの樽酒仕込み用をメインに、家庭用の小ぶりな酒樽、漬物やみそ用の樽、祭りで使う「樽太鼓」などをネットで販売し、ファンづくりの努力を続けている。接着剤不使用の自然派のたるを求めて注文は国内外から入り「プラスチック製容器とは漬物の味が違う」との声も寄せられる。

「手作りの樽の魅力を直接伝えたい」と、京都市内に直営店を開く準備を進めている。

（小林由佳　２０１４年5月28日）

たるや竹十

40年前は約20人の職人がおり、1日に四斗樽100個以上を作っていたという。京都店は2014年7月、京都市左京区に開店。現在は同市左京区一乗寺才形町31－2

一流選手が選ぶ職人技

野球グラブ

■ミズノテクニクス波賀工場

イチロー、田中将大、前田健太……。一流の野球選手の使うグラブが、皮革産地に近い宍粟市波賀町の山あいの工場で作られている。スポーツ用品大手ミズノ（大阪市）の子会社ミズノテクニクス波賀工場。1970（昭和45）年の設立当初は量産品が中心だったが、1988（同63）年からプロやトップアマチュア向けのオーダーやセミオーダーに移行し始めた。従業員約50人は大半が地元出身で、年間約2万個を製造する。

裁断や縫製、ひも通しなど約20工程のほとんどが手作業だ。天然の革は風合いや弾力性など一つとして同じものはない。「革を見極め、いかに同じものを作るか。そこが人間の技術」と西中正登製造課長。機械化が難しいゆえんだ。

プロ用は全工程を一人の職人が担う。「何十年にもなるけど、これでいいということはない。ものづくりの難しさですね」。イチロー選手のグラブを手掛ける岸本耕作さんは言う。同町出身。高校卒業後から工場で働き、「グラブマイスター」に社内でただ一人認定されている。

「手が遊ぶ」「ストレスを感じる」など、

職人の手作業で製造される野球用グラブ＝宍粟市波賀町、ミズノテクニクス波賀工場

選手の要求は抽象的だ。何度もやりとりし、作り直し、求められるグラブを仕上げる。岸本さんは「品質は工程で作り込む」と表現する。一つ一つの工程があって、最終製品ができる。だからこそどの工程も大事―と。
地域に根ざしたクラフトマンシップ（職人技）が一流に選ばれている。

（土井秀人　2015年2月11日）

ミズノ

野球用品で国内最大手。波賀工場は1989年に分社化、2013年にミズノテクニクス（岐阜県）に統合。波賀工場で受注生産する「ハガクラフティッド」は税込み7万9920円。量産品のグラブは中国・上海で製造している。

丈夫で人気、小さな逸品

木製ティー

■ダンロップスポーツ

ゴルフの第1打、ティーショットは各ホールの成績を左右する。それだけに、ボールを置くティーにもこだわるプレーヤーは多い。

プラスチック製や凹凸のあるゴムがついたものなど次々と新製品が出る中、ダンロップスポーツ（神戸市中央区）が国内で初めて手がけたシラカバの木製ティーは１９７８（昭和53）年の発売以来、ゴルファーに愛され続ける「小さな優れもの」だ。

同社は親会社の住友ゴム工業時代に、米国で使われていたカナダ産シラカバのティーに着目し、日本での生産に乗り出した。「国内で主流だった樹脂や雑木製に比べ、シラカバ製は折れにくさが特長だったようです」とゴルフ用品企画部課長の黒田昌生《あきお》さん。当初はプロ向けの限定品だった。

ティーは「一握りの砂」を意味し、かつては砂を小さく盛ってボールを載せていた。現在のような形になったのは、１９２５（大正14）年に米国で開発されて以降という。「ショットを打ったときの手ごたえや、ティーグラウンドにぐっと差し込む感触に、木製ならではの良さがあると言ってくれるファンがいます」と黒田課長は笑顔を見せる。
今は国内他社も木製ティーを製造するが、ダンロップスポーツだけで年間15万～20万セットが売れる。２０１５年３月にはボールの安定性を高めるために、頭の部分の直径を11ミリから15ミリに広げた新商品も売り出す予定。さらに愛用者が増えそうだ。

（黒田耕司　２０１５年２月４日）

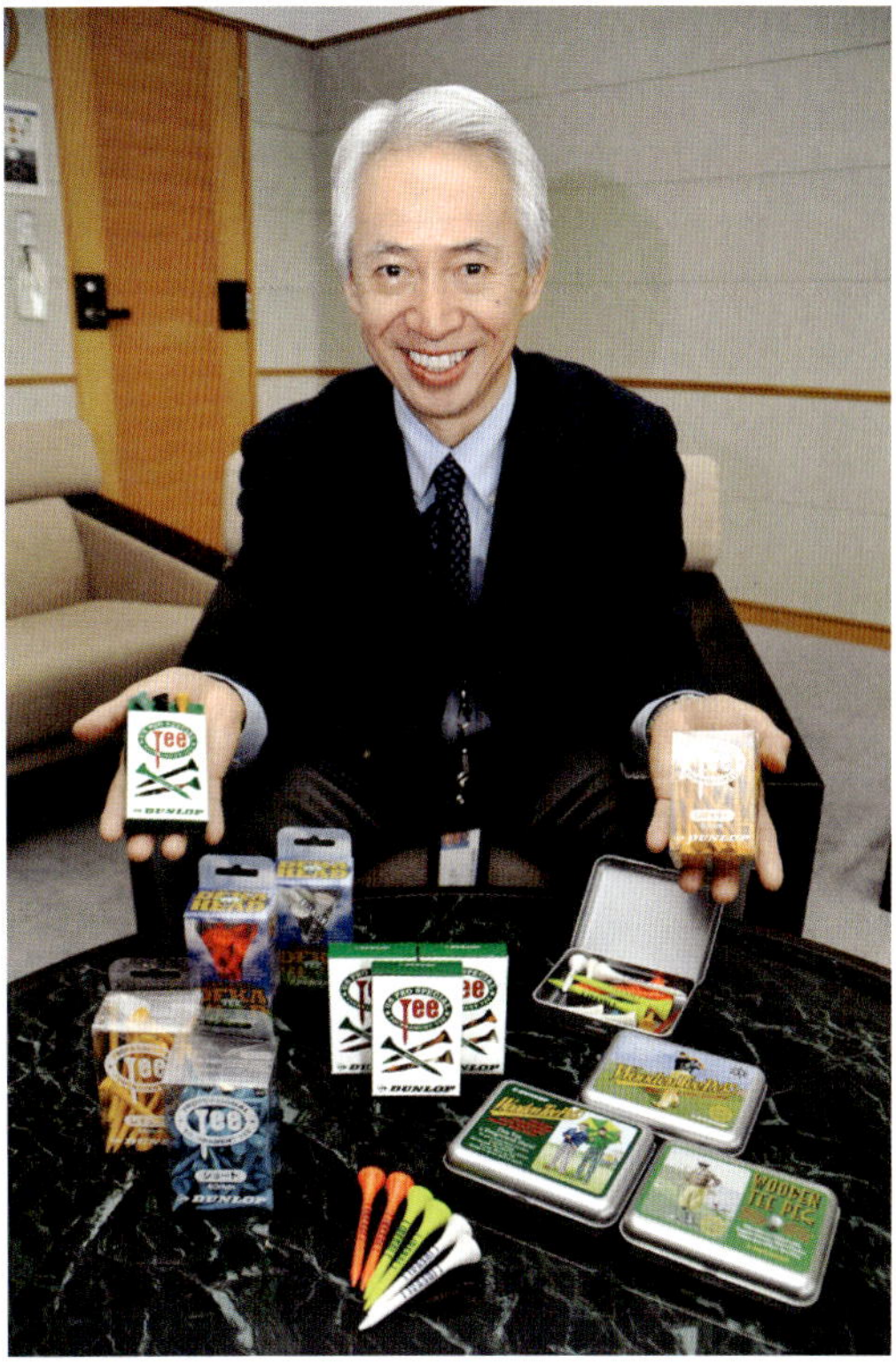

木製ティーの魅力を語る黒田昌生さん。右手に持つのが国内で最初に発売されたシラカバ製のティーだ＝神戸市中央区脇浜町３

ダンロップスポーツ

2003年に住友ゴム工業のスポーツ部門が「ＳＲＩスポーツ」として独立し、2012年から「ダンロップスポーツ」に社名変更。2014年にフィットネス事業に参入。木製ティーはレギュラー（36本）が税別500円。

初の変化球でプロ育成

ピッチングマシン

■ホーマー産業

高速回転する二つの円盤形ローターの間から、野球の硬式ボールが飛び出した。山なりのカーブを描きネットに突き刺さる。「変化球を投げられる日本初のピッチングマシン。速球はもちろん、フォークやスライダーもいけます」と、ホーマー産業（神戸市長田区）取締役の河合健雄さん。

同社は、河合さんの父で前社長の和彦会長が打撃練習トスマシンを開発して飛躍。1971（昭和46）年、和彦氏が新たに発明したのが「カーブマシン」だった。

当時、人の腕の振りをまねてアームが投げ下ろすタイプはあったが、球種は直球だけだった。ローターの回転数などを変えて多様な速さ、軌道の再現を可能にした。

第1号機はプロ野球・阪急（現オリックス）が採用。全国のプロや社会人、学生チームに支持が広がり、約1300台が売れた。

製作は鉄の裁断から手作業だ。現在は大半をこの道約40年という磯田克広さんが担う。「部品の取り付けなど少しでも狂うと制球がきかなくなる」と苦笑いする。

特許が切れ競合の類似品が増えたため、販売は学校向けの年数台に減った。しかし2013年、コントロールの精度を買われ、韓国のバッティングセンターにアーム式を3台納めた。修理は今も年数十台に上り、使い込まれたマシンは少なくない。河合さんは「シンプルで長持ち。韓国以外にも広がらないかな……」。そっと期待している。

（佐伯竜一　2013年11月13日）

ホーマー産業のピッチングマシンを手作りする磯田克広さん。「学生が頑張って練習してくれるのがうれしい」＝神戸市西区神出町宝勢、同社神出工場

ホーマー産業

1962（昭和37）年設立。投手の動画と同時に投球するピッチングマシンも開発した。現在の柱は明石市のゴルフ練習場の運営。カーブマシンの価格は45万円ほど。資本金2500万円、社員6人。

適度な硬さと弾力人気

柔道畳「勝」

■極東産機

足運びのための適度な硬さと、受け身時の衝撃を和らげる程よい弾力。極東産機（たつの市）の柔道畳「勝《まさる》」は、警察や学校などで技を極めようと稽古に励む者の足元を四半世紀近く支え続けてきた。

同社は１９４８（昭和23）年、畳のわら床の製造機メーカーとして創業した。しかし、１９８０年代から住宅にフローリングが敷かれ始め、畳の需要が減少。販路開拓

機能性が自慢の柔道畳「勝」を抱える山岡亮一コンシューマ事業部長＝相生市旭１、相生市立市民体育館

のため風呂場で使える畳など特殊製品の開発を進める中、柔道ブームなどを背景に専用畳を手掛けるようになった。

弾力性と耐久性を両立したレギュラータイプは、全日本柔道連盟の公認で、大手スポーツメーカーに次ぐシェアを誇る。

一方、初心者向けには2型があり、最も柔らかいスーパーソフトタイプは、ビーチサンダルなどに使われるクッション性の高い合成素材を採用した。安全性を重視した構造が好評で、納入先の中学校から「柔道を楽しむ生徒が増えた」との声も寄せられた。

自社開発の機械で製造するため、道場の形状や広さなど顧客の要望に迅速に対応できるのが同社ならではの強み。１９９２年の販売開始以来、東洋大付属姫路高校や飾磨署など県内を中心に全国の計２００施設で採用され、納入数は約1万畳に上る。担当の山岡亮一コンシューマ事業部長は「畳を知り尽くした当社の技術を結集した。２０１２年度から武道が中学校で必修化され、２０２０年には東京五輪が控える」と、さらなる需要拡大を目指す。

（中務庸子　２０１６年1月20日）

極東産機

1981（昭和56）年にコンピューター制御の畳製造機を初めて開発。柔道畳「勝」は1畳2万6千円から。住宅などの内装工事用機械や食品加工機も手掛ける。2015年9月期の売上高は81億8100万円。従業員約250人。

健康と色艶、追い求め

金魚の餌

カミハタ養魚グループ

改良を重ねながら30年以上売れ続けている金魚の餌がある。今では、ストレスの軽減につながるポリフェノールや、豊富な栄養を含むモロヘイヤ入りのものが登場している。

「金魚の成長に必要な栄養素をバランスよく配合した健康食品。長く生き、より鮮やかな赤色が出るよう追求してきた」

金魚用飼料の販売で国内シェア45％を誇るキョーリン（姫路市）の営業部統括マネージャー村上恵介さんは語る。

同社は1877（明治10）年にコイの養殖で創業した神畑養魚（姫路市）の飼料卸部門が、1968（昭和43）年に分離。金魚の餌だけで10種類以上あり、初心者から愛好家、養殖農家まで幅広く支持を得ている。

中でも定番の「アイドル」は、水草などを好んで食べる金魚の特性を考慮して青汁の原料ケール入り。また「ベビーゴールド」は、赤色を鮮やかに保つカロチノイドを豊富に含む酵母を配合している。

「商品開発力を支えるのは、養殖場や研究所を併せ持つグループ力」と、キョーリンの製造部門が独立したキョーリンフード

発売から30年を超した金魚の餌を手にする山本直之さん（左）と村上恵介さん。観賞魚用飼料は海外40カ国以上に輸出されている＝姫路市南町9

工業（姫路市）で執行役員を務める山本直之さん。神畑養魚を含む3社で、観賞魚用飼料の新製品研究や試作、給餌試験を一貫して行えるのが強みだ。

ストレス社会で、観賞魚を飼う人が増えているという。「一度、飼ってみませんか。癒やされますよ」と村上さん。観賞魚も、人も健康にする―。

（桑名良典　2012年11月14日）

カミハタ養魚グループ

1994年、スペースシャトル内で飼育されたメダカの餌を開発したことで注目を集めた。現在、福崎町や加西市などに3工場、宍粟市に養魚場がある。2015年度の売上高は約88億円。従業員約240人。

化学と有機の長所合体

肥料「しき島・九重」

■多木化学

日本で初めて人造肥料を製造した多木化学（加古川市）。発売からそれぞれ約1世紀の歴史を持つ「しき島」と「九重」は、今も農家に愛用されている看板商品だ。創業者多木久米次郎（1859～1942）の時代に開発された。

双方とも、蛹《さなぎ》かすや菜種油かすなど動植物由来の原料と、リン鉱石を混合・化学処理し、1カ月ほど熟成させた後にさらに原料を加えて粒状にする。しき島は動物性原料が多く、九重は植物性中心で、それぞれ土中の異なる有用微生物を増加させる効果がある。農家は用途に応じて使い分けるという。

「化学肥料と有機肥料のいいところを合体させた」と衣笠利行・アグリサービス室長。窒素、リン酸、カリウムは植物に欠かせない3大栄養素。袋の背面には「6―8―6」などとそれぞれの含有量が表記されている。作物や生育時期によって異なる配合をそろえるきめ細かさだ。

歴史を感じるものの一つに「電略」がある。受発注の連絡手段が電報だったころ、1文字いくらの電報料金を安く上げるため、例えば「しき島6号」には「ロロ」「九重

7号」には「ヤ」など、1~3文字の略語が付いた。

「生産・出荷の現場で今も電略を使っているし、お客さんの中には正式名称を知らない人も」と野上康司常務。そのあたりも「土の下の力持ち」である肥料にふさわしい。

（広岡磨璃　2012年12月12日）

肥料を持つ野上さん（左）と衣笠さん。「今もうちの肥料のトップランナー」と口をそろえる＝加古川市別府町新野辺、多木化学

多木化学

多木家は江戸時代から魚肥販売とみそ・しょうゆ・酢の醸造業を営んでいたが、1885(明治 18)年に初代社長多木久米次郎が骨粉で肥料をつくり創業。肥料は数百種類に及ぶ。2015 年12 月期の連結売上高は 336 億1400 万円。従業員数は単体で約 430 人。

多分野の研究支え半世紀

試験管

■日電理化硝子

長いガラスの筒がバーナーの熱で切断され、試験管に成形されていく。生産ライン上で冷やされ、検査室へ。傷がないか、従業員が目を凝らす。

「年間に少なくとも試験管を約2千万本、薬品などを入れる瓶は約1500万本生産しています」。バーナーからオレンジ色の炎がいくつも上がる工場で、霜下賢一朗社長が説明した。

工場で自社製品を手にする霜下賢一朗社長＝神戸市中央区港島南町5、日電理化硝子

ガラス試験管のトップメーカー。源流は、霜下社長の祖父が手がけたガラス生地の販売業だ。１９６５（昭和40）年、伊丹市に工場を設けてガラスの成形、加工を始め、国内メーカーとしていち早く、試験管やワクチン用瓶を量産化した。現在は神戸・ポートアイランド2期地区に生産拠点を置く。

同業他社が高齢化などで相次ぎ廃業する中、積極的な設備投資で品質向上に努めてきた。「全国津々浦々、研究所と名の付く所には当社製品があると思います。得意先は数えきれません」と霜下社長。医療や製薬、理化学、食品といった多方面で研究開発などに用いられている。

消耗品ゆえに安価な輸入品も出回るが、強度や目盛りの精度、機密性などを看板に、顧客からのオーダーメードの注文にも応じる。

「もし薬品を使った実験中に試験管が割れたら事故になり得るし、実験も一からやり直し。備品とはいっても責任は大きい」。霜下社長の言葉には、産業を下支えする自負がにじんでいた。

（小林由佳　２０１4年6月11日）

日電理化硝子

1965（昭和40）年操業開始。1999年、伊丹市から神戸・ポートアイランド2期地区に工場移転したのを機に、ガラス生地販売から撤退し、試験管などの製造に一本化。資本金8千万円。従業員は約70人。神戸市中央区港島南町5–4–13

水はけ改善し全国席巻

溝ぶた「アマグレート」

■神鋼建材工業

道路の側溝を覆う格子状の溝ぶた。その中に「アマグレート」（アマグレ）と呼ばれる神鋼建材工業（尼崎市）の製品がある。英語で格子を意味する「グレーチング」。それを「尼崎」でつくるから、名前はアマグレート。同社の前身、尼鉄建材が国内で初めて売り出した。

シンプルなネーミングは製品の簡素な構造、頑丈さを体現する。細長い鉄板を組み合わせただけ。だが、欧米では丈夫な床材として艦艇や建物に使われた。

同社は1963（昭和38）年にいち早く専用工場を設け、量産を始めた。高度経済成長の真っただ中。「神戸と大阪を結ぶ大動脈で、工場近くを通る国道43号の水はけを劇的に改善したそうです」と、林光雄社長が話す。

一般道はもとより大阪万博や札幌五輪の会場、成田空港、東北新幹線—。コンクリート製の溝ぶたに代わり、水はけの良いアマグレが日本各地を席巻した。

近年は安い輸入品が増え、同社は高級路線に転換。格子の間にゴムチップを詰めて排水性と滑りにくさを両立させた「アマグレエコソフト」など、新製品の開発にも余念がない。

武庫川沿いの工場では今も年季の入った機械が元気に動く。「溶接の仕方で強度が上がる」。機械と「同い年」という手塚博幸担当課長が話した。近年は積雪の多い地域でフェンスとしても使われている。「鉄格子」は独自の進化を続ける。

（高見雄樹　２０１５年10月21日）

「アマグレート」を手にする手塚博幸担当課長。道路や溝の形に合わせた特注品も多い＝尼崎市丸島町、神鋼建材工業本社

神鋼建材工業

1949（昭和 24）年設立。従業員262 人。親会社の尼崎製鉄が 1965（同 40）年に神戸製鋼所と合併、1967（同42）年から現社名。ガードレールも製造する。2016 年 3 月期の売上高は 110 億円、うちアマグレは約 9 億円。幅30センチ、長さ1メートルの売れ筋は定価1万 2100 円。

緩み防ぐ縁の下の力持ち

割ピン

■旭《ひ》ノ《の》本《もと》金属工業所

ボルトとナットの緩みを防ぐ割ピン。自動車、オートバイ、クレーン、鉄道車両など目を凝らすとさまざまな部分で使われている。まさに縁の下の力持ちだ。

その原理は至ってシンプル。ボルトとナットを締め込んだ位置にピン穴を開け、そこに割ピンを貫通。突き出た2本の脚を左右に割って固定する。

「振動や温度差の影響を受けても決して緩まない。安全性を担保する効果は絶大だ」と旭ノ本金属工業所（姫路市）の社長田路《とうじ》和男さんは話す。

もとは紡績製糸用部品メーカーとしてネジやピンなどを製造してきた。高度成長期にはボルト製品が好調だったが、円高不況で経営が傾き、1986（昭和61）年に主力のボルト工場を閉鎖した。

危機を救ったのが、割ピンだった。利益率が低く、小ロットへの対応が必要なことから、競争相手は次第に姿を消した。国内シェアはいまや8割に達する。

工場に所狭しとある80台を超す機械が商品力の源泉だ。鉄線を圧伸して断面を半丸型へ加工するものや、割ピンの形状に成型するものなどがずらり。独自に開発した機械も多い。
同社の生産が止まれば、自動車メーカーのラインが止まるとも言われる。「機械の補修や点検、品質チェックは、社員の経験や勘に頼る部分が大きい。安定供給という使命を全員で共有しているのが当社の強み」。ものづくりの誇りと情熱がにじんだ。

（桑名良典　2014年7月2日）

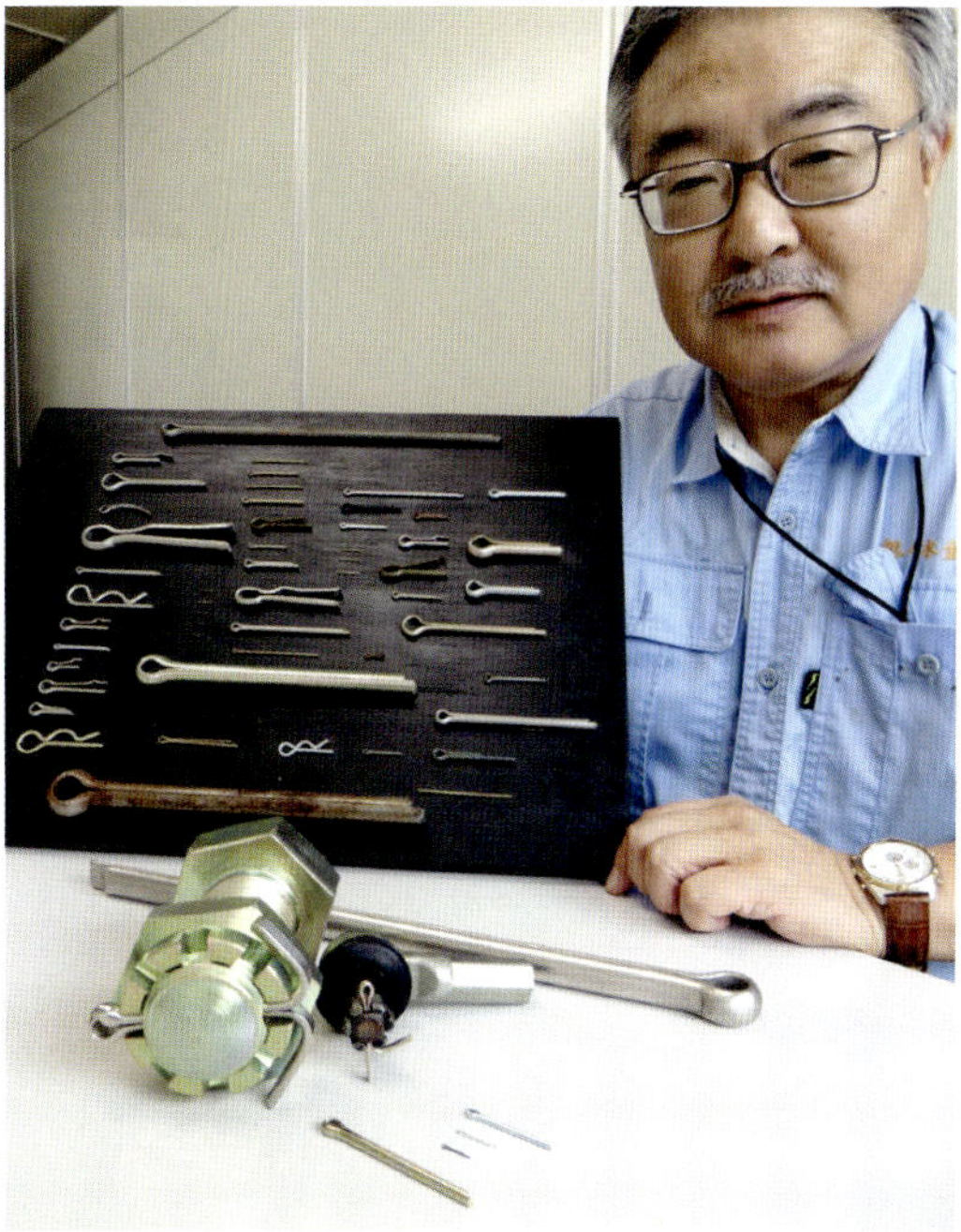
大小の割ピンを示す社長の田路和男さん。直径1ミリ未満から、橋に使う大きなものまで幅広い＝姫路市花田町小川、旭ノ本金属工業所

旭ノ本金属工業所

1936（昭和11）年設立。自動車、新幹線、原発のタービンなど多様な機械部品に使われる。2016年8月期の売上高は約3億2千万円。従業員は26人。姫路市花田町小川995。TEL 079・253・3607

デザイン豊かな壁面材

アスロック

■ノザワ

ビルや住宅の見栄えをよくし、風雨などから守る。ノザワの壁面材「アスロック」。「セメント板でさまざまな形状やデザインを表現できるのが魅力」と、建設技術部の高木健治部長が胸を張る。

同社は1897（明治30）年、野澤幸三郎氏が「野澤幸三郎商店」を設立し、染料である洋藍の輸入に携わったのが始まり。1906（同39）年に屋根材のスレート板輸入を開始し、1913（大正2）年に国産化。以来、建材メーカーとして事業を拡大した。戦後の復興期、安価で軽量、不燃が特徴の石綿スレートが主力だったが、ニーズの多様化に合わせ、さまざまな形状を可能にする新製品を模索。米国で窓の水切り板などに使われていた押出成形法に着目した。水やセメントを混ぜ合わせた材料を、型枠からところてんのように押し出すことで一枚の板にする製法だ。

米国では小型の製品が多かったが、材料の均質化や押し出す力などを工夫して強度を上げ大型化に成功。1970（昭和45）年に壁面材として製造販売が始まった。国の規制に伴い、2004年からは石綿を使わない製品に移行した。

製品は今やさまざまな意匠を加え、約40種を超える。さらに、太陽光発電システムを一体化した「ソーラーウォール」や、壁面緑化の「グリーンウォール」を発売。高木部長は「建築現場の人手不足に対応した新工法も開発した。ニーズに合わせたデザインや工法をどんどん提供したい」と力を込めた。

（黒田耕司　2014年5月21日）

タイル柄など現在は約40種に上るアスロックを手にする高木健治建設技術部長＝神戸市中央区浪花町、ノザワ本社

ノザワ

1989年、当時の本社社屋「旧神戸居留地十五番館」が国の重要文化財に指定。阪神・淡路大震災で全壊したが、倒壊前の部材70％を使用して再建した。現在はレストラン。現本社は北隣に1990年に完成。2016年3月期の連結売上高は218億2100万円。

原点は紙製、60年以上現役

避雷器

■音羽電機工業

怖いものといえば、地震、雷、火事、親父。中でも、盛夏の季節に恐れられるのは雷だろう。

電柱、新幹線、電話線、アンテナなどに取り付けられて電気機器を守っているのが「避雷器」だ。音羽電機工業（尼崎市）の計良《けいら》勉上席執行役員が、長さ約8センチの筒状の避雷器を見せてくれた。「このＰバルブ避雷器が当社の原点です」。

Ｐバルブを持つ計良上席執行役員。重要部品は昔も今も手作業で作られる＝尼崎市潮江５、音羽電機工業雷テクノロジセンター

電力会社の技術者が発案し、依頼を受けた創業者の故・吉田亀太郎氏が１９５０（昭和25）年に開発、製造を始めた。創業時は配線の安全装置を扱っていたが、Ｐバルブの量産化により避雷分野に特化。電力会社などに使われ、全国に広がった。

「製品名の『Ｐ』はペーパーから名付けられた」。実は、避雷器の中核部分は紙製。絶縁紙にアルミ箔を貼って筒状に巻いて作られるという。雷が落ちるとアルミ箔電極が溶け、絶縁紙からガスが出て電子機器などに侵入しようとする異常な電流を遮断する。アルミ箔に開いた穴で雷の回数や程度を測定できる。

現在は落雷の有無が分からない避雷器も多いが、「この製品だと雷が落ちたことが分かるので根強いファンが多い」。発売から60年以上たった今も現役。年間約千個が制御盤メーカーなどに納入されている。

古来、恐れられてきた雷だが、知恵と工夫で被害を防ぐ努力が重ねられてきた。「雷対策の重要性を今後も幅広く訴え続けたい」。

（末永陽子　２０１３年7月24日）

音羽電機工業

1946（昭和 21）年設立。資本金 8190 万円。従業員約 290 人。国内唯一の雷対策専門メーカー。売上高は非公開。本社近くには雷を再現する実験施設「雷《らい》テクノロジセンター」があり、一般の見学も可能。年間 2 万 6 千人が訪問する。予約必要。同センター TEL 06・6429・5951

職人守るアナログ装置
ロータリーカムスイッチ
■昭和精機

日本の基幹産業、自動車の生産に欠かせないプレス機。金型の間に金属素材を挟み、大きな圧力を加えて部品を成形する。そのプレス機に不可欠なのが、昭和精機（神戸市西区）が作る安全・制御装置「ロータリーカムスイッチ」だ。

「機械が誤作動しないよう制御し、職人が手をけがしないように守ります」と、会長の藤浪芳子さん。43年前から受注生産している。

金型に素材を入れるタイミング、挟み込む速度や圧力などを、手動のスイッチで設定する。反対に設定外ではプレス機は動かず、職人をけがから守るわけだ。

実は30年前からデジタル化が進み、今はプログラムを入力して自動制御できる電子式が主流だ。同社も電子式を製造する。しかし、取引先のメーカーの多くが両方を購入する。藤浪さんは「繊細な電子式に比べて壊れにくく、操作が単純だからでしょう」とみる。

基本型は25種だが、スイッチの設定や挟み込む素材などは取引先によって変わり、数百種に派生する。大量の水を使う製鉄所からの依頼で完全防水タイプを製造したこ

消費者に直接売ることはないが、「身近な製品の製造には不可欠」と藤浪芳子会長＝神戸市西区高塚台6、昭和精機本社

とも。多品種少量の製品を支えるのは技術力だ。何度も取引先に赴き、細かい要望に応じる。

製造拠点の海外移転が進むが、「中小企業ならではの柔軟さで、日本のものづくりを支えたい」と藤浪さん。デジタルに負けないアナログ製品は、その意気と技術力が生み出す。

（末永陽子　2013年10月9日）

昭和精機

1947（昭和22）年、明石で昭和精機工作所を創業。1986（同61）年現社名に変更。下請けが中心だったが、1980（同55）年以降、油圧制御機器や電子制御機器の自社開発と製造を開始。韓国や台湾などでも販売。従業員33人、年商は非公開。

固形、液体自在に送る

ヘイシンモーノポンプ

■兵神《へいしん》装備

ひとたびパイプの中を通れば、粘り気のある液体から固形物の交じったものまで自在に送ることができるのがモーノポンプだ。「食品なら、ホイップクリームの気泡やポテトサラダの具材をつぶさずに次の工程に送れますよ」。国内シェアの約9割を握る専業メーカー兵神装備（神戸市兵庫区）の小野純夫社長は、こともなげに言う。

このポンプの考案者はフランス人のモアノ博士で、1930年代に航空機エンジンの開発中に発明した。新しいポンプを求めて渡欧した創業者で純夫社長の父恒男氏が、特許を持つドイツ企業と提携して1960年代に日本に持ち込んだ。

らせん状の金属棒を、加工を施した管の中で回転させると物質が流れていく。管の内部でヘビがくねくねと身をよじっているように見え「スネークポンプ」の異名を持つ。

当初は船の底にたまった汚水の排出で脚光を浴びた。その後、下水処理場や食品、薬品、化学工場などで導入が進んだ。近年は、わずかな量でも一定して送れる特長を生かし、接着剤を流すことで自動車や電機業界でも採用されている。

小野社長はこう意気込む。「リチウムイ

ポンプの模型を前に「イクラやジャムなどを瓶詰めする工程などで重宝されている」と用途を話す小野純夫社長＝神戸市兵庫区御崎本町1、兵神装備

オン電池やスマートフォンなどの製造現場にも既に入ってます。今後は鉄に替わる新素材、炭素繊維が自動車に使われる時代が来る。素材が変われば、生産工程も変わる」。

〝万能ポンプ〟はこれからも、ものづくりの現場で無限に広がる。

（桑名良典　2013年6月19日）

兵神装備

ドイツの企業との技術提携を機に、1968（昭和43）年1月設立。滋賀県長浜市に工場と技術研究所がある。2015年12月期の売上高は約103億円。従業員約370人。

シェア9割、技術裏付け

換気扇用コンデンサー

■指月《しづき》電機製作所

家庭の台所にある換気扇。年末の大掃除で清掃した人も多いだろう。「裏側までじっくり見た人は少ないでしょうね」と苦笑するのは、指月電機製作所（西宮市）の伊藤薫社長。実は、換気扇用コンデンサーで全国9割のシェアを持つのが同社だ。「ＳＨＩＺＵＫＩ」のロゴが見えるものもあるそうだ。

伊藤社長は「当社のコンデンサーはほとんどの家庭にある」と話す。電気を一時的に蓄え、電圧を安定させるこの部品は、家電だけでなく、電車や自動車など電子機器には欠かせない。

換気扇用を作りだしたのは１９６０年代。住宅の建設ラッシュで、換気扇も一気に普及したころだ。圧倒的シェアを支えるのは「研究開発力と取引先の要望に柔軟に対応できる技術力」と、同社コンデンサ営業部の森脇一樹さん。

基本構造は、絶縁体を挟んだ2枚の電極板。絶縁体にはかつて、油を染みこませた薄い紙などを使っていたが、湿気や火気に弱かった。１９６１（昭和36）年、絶縁体にプラスチックを使い、今では一般的な薄膜フィルムコンデンサーの原型を開発。

１９７０年代に換気扇に取り入れ、シェア

「空気清浄機の送風ファンなどにも使われています」と、コンデンサーを手にする森脇さん＝西宮市大社町、指月電機製作所

を伸ばした。

さらに１９９０年以降、モーターの逆回転を防止したり速度を調整したりする周辺部品も手掛け始めた。セットで納めることで、メーカーでの組み立てが容易となり、工期の短縮や部品点数の削減につながった。

「今も進化し続けている」と伊藤社長。裏側に技術力あり。

（末永陽子　２０１４年１月15日）

指月電機製作所

1939（昭和14）年創業。直近の連結売上高は217億円。社名は、創業者の山本重雄氏が出身地、山口県の萩城の別名「指月城」から付けた。鉄道車両や自動車用の大型コンデンサーが強み。

世界の物流支えて40年

パワーモーラ

■伊東電機

工場の生産ラインや配送センターでコンベヤーを効率良く動かすモーターローラー。そのトップメーカーである伊東電機（加西市）の「パワーモーラ」は、国内外でシェア7割を誇る。開発・販売から2013年で38年。ITの活用などで改良を重ね、世界の物流を支えてきた。

同社は1946（昭和21）年、小型モーターメーカーとして創業。大手の下請けだったが、「自社製品を作りたい」と、世界に先駆けモーターローラーを開発した。動力源のモーターや減速ギアを内蔵し、コンパクトで安全性の高い作業を可能にした。

さらに物流業界でのIT活用をにらみ、1988（同63）年にはコンピューターで制御するために直流の電流で動かすパワーモーラを開発。ものを単純に移動させる従来型から、複数の自動仕分けといった多機能化や、必要なときのみローラーを動かす省エネ化などを進めた。

ただ、当時はそれほど高度な機能を求められず、「開発時期が早すぎ、販売に苦労した」と伊東一夫社長。10年後、日本の20倍もの郵便物を扱う米国郵便公社で大量に採用されたことで、他国にも広がった。

近年のネット通販の拡大などで国内の需要も高まり、現在の国内外の売り上げは半々に。ローラーを組み込み、倉庫内の保管効率化などを図る装置の販売にも力を入れる。「かつて予測した方向に業界が動きだし、これからが本番」と伊東社長。「顧客のニーズに応えた新たな機能で『搬送革命』を起こしたい」と話す。

（石沢菜々子　２０１３年12月18日）

パワーモーラを手にする伊東一夫社長。後方にはこれまでに取得した特許がずらりと並ぶ＝加西市朝妻町、伊東電機

伊東電機

1946（昭和21）年に先代が創業した。加西工業団地内の本社工場をはじめ、海外では米、仏、香港、上海に子会社がある。最近は植物工場も手掛ける。資本金９千万円、従業員250人、2016年４月期の売上高は77億円。

世界で活躍する「花形役者」

クレーン

■コベルコ建機

背が高くて力持ち。クレーンは、ビルの建築や土木工事現場で最も目立つ「花形役者」だ。

神戸製鋼所の子会社、コベルコ建機（東京）の大久保事業所（明石市）所長で、取締役専務執行役員の小村和也さんが思わず胸を張った。

主力製品は、走行用ベルトで移動できる中小型の「クローラクレーン」。世界トップのシェア約25%で、その大半を大久保事業所で生産している。

同社の製造の歴史は古い。1930（昭和5）年に原型となる電動建設機械を国内で初めて生産。1953（同28）年には国産初のトラック・クレーンを売り出した。

世界レベルの性能は、グループ企業が一丸となって支える。小村さんが「クレーンの生命線」と話すウインチ（巻き上げ機）は、神鋼造機（岐阜県）と共同で、丈夫で長持ちし、補修も不要なものを開発した。

また、荷物をつるすワイヤは神鋼鋼線工業（尼崎市）が生産。本体の骨格は神鋼加古川製鉄所でつくられた高張力鋼板（ハイテン）が使われている。

1990年代後半には、公共工事の減少

約1万2千点の部品から成るクローラクレーン。受注から3カ月弱で納品される＝明石市大久保町八木、コベルコ建機大久保事業所

で1カ月の生産量が10台程度に低迷したこともあるが、最近はアジアなど海外市場が好調。国内でも東京五輪や防災対策などで公共工事が増えている。

クレーンの平均価格は1億円弱。高価だが、「出荷は1日3台のペースで、フル生産状態」と小村さん。毎日、誇りを持って送り出している。

（高見雄樹　2015年3月25日）

コベルコ建機

神戸製鋼所の建設機械カンパニーなど3社が合併し、1999年に発足。2004年にクレーン部門を分離したが、2016年に再統合した。同年3月期のクレーン事業売上高は727億円、経常利益は24億円。インドにも生産拠点を持つ。

エスカレーター

但馬で製造、各地で活躍

フジテック

上下階の移動に欠かせないエスカレーター。国内4大昇降機メーカーの一角を占めるフジテック（滋賀県彦根市）のエスカレーター工場「ビッグステップ」（豊岡市日高町）は、JR江原駅近くの市街地にある。

神戸製鋼所（神戸市中央区）の溶接棒工場だった建物を改装。1989年に大阪府茨木市からエスカレーター部門を移した。フジテック唯一の国内向け製造拠点で、

「エスカレーターは進化を続けている」と言う松井所長。省スペースや造形の美しさを追求する＝豊岡市日高町宵田、ビッグステップ製作所

2010年に建屋を増築し生産能力を高めた。

「但馬で四半世紀を超えてものづくりを続け、〝地元企業〟になれたと自負しています」と、ビッグステップ製作所の松井徹所長。年間500台以上の生産能力があり、商業施設やビルの新築、駅のバリアフリー化などで、ここ数年はほぼフル稼働という。

エスカレーターは「一品もの」の受注生産。設計から生産、出荷まで45日間で仕上げる。高さ5メートル、長さは約15メートル、人が乗る部分の「ステップ」は50〜60個が一般的だ。

「トラス」と呼ばれる足元の骨組みや駆動部分などは自製し、外部調達した部品とともに同工場で組み立てる。5年前には、トラスの組み立て期間を7日間と半減させる新工法を開発。生産効率が上がった。

従業員の3分の1は開発、設計技術者。「最近は省スペース型の開発に注力している」と松井所長。「歩行を前提に設計していないので、必ず止まって手すりを持って」。安全啓発も忘れない。

（高見雄樹　2015年6月10日）

フジテック

2016年3月期の連結売上高は前期比7.2%増の1771億円、うち国内は604億円。大半がエレベーターで、エスカレーターは国内販売の1割程度。ビッグステップの従業員は130人。彦根市にある本社とエレベーターの拠点は「ビッグウィング」と呼ばれる。

被災地企業の工夫随所に

立体駐車場

新明和工業

駅前、ホテル、マンション……。機械式の立体駐車場（立駐）は、狭い日本で空間の有効活用に欠かせない。新明和工業（宝塚市）はタワー型立駐で国内シェア2位を誇る。業界団体の立体駐車場工業会（東京都）によると、立駐は1929（昭和4）年に大阪市の角利吉氏が原型となる装置を発明。当時はまだ車が少なく、実用化には至らなかったが、戦後の高度経済成長期に入るとマイカーが急増。立駐の需要も生まれ、1960（同35）年に東京で第1号機が設置された。

同社の参入は1964（同39）年と早く、現在はエレベーター方式のタワー型立駐「エレパーク」が主力。パーキングシステム事業部システム本部設計部の難波政浩部長は「阪神・淡路大震災の被災地メーカーの製品として『何があっても車を絶対に落とさない』ことがコンセプト」と胸を張る。車を載せて上下左右に動くパレットを格納部に留めるストッパーの強度向上など改良を重ね、同工業会基準の2倍の耐震性を実現。通常は天井部にあるモーターなどの駆動部を地上に置いて静音にしている。

車の保有台数の伸びが鈍化し、拡大が望

みにくい立駐市場。同社は今、従来の武骨なイメージを覆す高級仕様の売り込みに力を入れる。入出庫口はガラス張りで、内装は自由にコーディネートできる。「たかが立駐、されど立駐」と難波さん。高級マンションなど細かな需要の掘り起こしを目指す。

（西井由比子　2015年6月3日）

エレベーター方式の立体駐車場「エレパーク」。スマートフォンで車を呼び出すこともできる＝宝塚市新明和町、新明和工業

新明和工業

戦前に戦闘機「紫電改」などを製造していた川西航空機を前身に1949（昭和24）年設立。現在は米航空機大手ボーイングの航空機部品や救難飛行艇US2などを製造している。2016年3月期の連結売上高は2039億1700万円。

日本人好みの食感実現

バウムクーヘンオーブン

■不二商会

ドイツ発祥の菓子バウムクーヘンは今や、日本の洋菓子店に欠かせない定番商品の一つだ。樹木の年輪のように生地を均一に自動で焼き上げる専用オーブンを、不二商会（神戸市兵庫区）が開発したのは半世紀近く前のこと。

社長の藤波哲也さんは背丈を超す重厚なオーブンに触れながら「最近は訪日外国人が増え、日本のスイーツは世界から注目が

バウムクーヘン専用オーブンのショールームがある工場内。商品を紹介する藤波哲也社長＝神戸市兵庫区高松町2、不二商会

集まってるんですよ」と胸を張る。

会長で父の勝也さんが、和菓子の製菓機器の販売で創業したのは１９６７（昭和42）年。翌年、自前の商品を持とうと、日持ちがして贈答にもなるバウムクーヘンに目を付け、専用オーブンの開発を始めた。何度も改良を重ね、２枚のシャッターを使って水分を閉じ込めて焼き上げる技術で特許を取得。柔らかくしっとりした食感は本場ドイツのとは異なり、「ソフトクーヘン」と呼ばれる日本人の好みに合致した。

50分間で６本を同時に焼き上げる。ガスが使いにくい地下店舗やガス供給の不安定な海外の需要に応えられるように、電気式も開発した。哲也さんは「中国や韓国、マレーシアなどの展示会に出掛けて実演すると、人の輪ができ、引き合いが多い」と手応えを得た。

年間約60台を販売。多くは菓子店で、ツリー形や球形などのバウムクーヘンを焼き上げられる専用オーブンは、店の魅力アップにも貢献する。「人を驚かせ、喜ばせる商品を作り続けたい」。

（桑名良典　２０１５年９月30日）

不二商会

バウムクーヘン専用オーブンは、三田市の「パティシエ　エス　コヤマ」など国内の有名菓子店が導入。納入先の菓子店に商品開発や店舗設計、販売計画も提案する。社員17人。2016年７月期の売上高は約８億５千万円。

醸造用タンク

灘五郷の伝統の味を演出

■神鋼環境ソリューション

大物は高さ18メートル、幅3・5メートル、容量16万5千リットル。灘五郷はじめ清酒、ビール、しょうゆと、幅広い食品工場で存在感を示すのが醸造用タンクだ。神鋼環境ソリューション（神戸市中央区）は、60年余り手掛ける最大手。「何万基造ったか記録がない。丈夫で、私より年上のタンクはざら」。取締役執行役員播磨製作所長今中照雄さんが笑う。

戦後、金属の表面にガラス層を焼き付ける琺瑯《ほうろう》製品を手掛けるうち、酒蔵からタンクの修理や製造を頼まれ、より耐食性に優れた「グラスライニング」技術を導入。タンクの大型化に対応する設備を整えた。1950～1970年代には清酒やビールの消費が伸び、多いときは1日20基も造った。

初めに鉄板をタンク状に整形。ガラスの原料を粉砕し、内側に吹き付ける。タンクを丸ごと巨大な炉に入れて数時間焼くと、ガラスが溶けて薄い層が形成される。吹き付けては焼き、を数回繰り返すとガラスの層が1ミリほどになる。

「ガラス層部分の作業は機械化できない。人の目と手でこそ安くて耐食性に優れたグラスライニングができる」

神鋼環境ソリューションの醸造用タンク。ベトナムに今秋、海外初の工場稼働も決まり「将来は現地市場も開拓したい」と、今中照雄取締役＝兵庫県播磨町新島、同社播磨製作所

近年は医薬品、電子部品の原料向けが伸びる一方、食品用の需要は樹脂やステンレスタンクの台頭、酒類の低迷などで年平均十数基に減った。「蔵元から『ここのタンクじゃないとうちの味は出せない』と言ってもらうのがうれしくて。社の原点である品質を守っていく」。今中さんが言い切った。

（佐伯竜一　２０１3年6月12日）

神鋼環境ソリューション

1946(昭和21)年、神戸製鋼所琺瑯部として誕生。1954 (同 29)年、米国企業と共同出資の神鋼フアウドラーに。2003年から現社名。現在のメインは、ごみや水の処理設備の建設維持管理。ベトナムや欧州での展開にも力を入れる。2016 年 3 月期の売上高 830 億 500 万円、従業員約 2100 人。

定評の技術、シェア5割

自動車用プーリ

■カネミツ

自動車のエンジン1基に5個。存在感のある円盤型のプーリ（滑車）は、ゴムベルトを動かしてエンジンの動力を伝える装置だ。カネミツ（明石市）のプーリは日本の全自動車メーカーに採用され、シェアは約5割。兵庫の3工場とタイ、中国で年間3700万個を生産。「単価が安いので、数を出さないと利益が出ない」と金光俊明社長は苦笑するが、約千件の知的財産権を持つ金属加工技術には定評がある。

プーリは古くからある機械部品だが、金光社長の父、之夫《ゆきお》氏（現会長）が1961（昭和36）年、強度の高いプーリを大量生産する方法を編み出した。プレスしておわん型にした鉄板を高速回転させ、側面から金型を当てて自由自在に加工する。鉄板がプーリになるまでわずか10秒の早業に目を見張る。

生産設備や金型は全て自社生産。「社員から工場までごっそり持って行かれない限りまねされない」と金光社長は胸を張る。

初のプーリが東洋工業（現マツダ）の「ファミリア」に搭載されて、2014年で50年。今後は伸び盛りのアジアで生産を強化し、国内ではプーリ以外の新製品開発に集中する。

最近、手応えを感じているのは、ＡＴ（オートマチック・トランスミッション）の部品。鉄の塊から作っていた部品を、プーリで培った技術を生かし、鉄板で作る。「部品をコストダウンできる。こうした分野でまだまだ戦えますよ」。

（高見雄樹　２０１３年10月23日）

光り輝くプーリを手にする金光俊明社長。創業の地に根を張り、世界に製品を届ける＝明石市大蔵本町、カネミツ

カネミツ

1947（昭和 22）年、金光銅工溶接所として創業。工具箱製造などを経て、1961（同 36）年に自動車用プーリを開発した。三木と加西、長崎に工場や研究施設がある。2016 年 3 月期の連結売上高約 84 億円のうち、プーリは 72％を占める。従業員約 550 人。

今も昔も気軽な旅を提案

観光バス

神姫バスツアーズ

「本日は、神姫観光バスをご利用いただきまして、誠にありがとうございます」。ガイドさんのやさしい語り口が旅情を誘う。

神姫バスが観光バス事業を始めたのは、1927（昭和2）年ごろ。全国でバス会社が相次いで生まれたころだ。戦争での中断を挟んで1949（同24）年に再開した。今は子会社の神姫バスツアーズ（姫路市）が事業を担う。

手ごろな価格が魅力のバスツアー。女性を中心に根強い人気を誇る＝姫路市保城、神姫バスツアーズ

「1960（同35）年ごろまでは京都や奈良への日帰りが多く、高速道路ができるにつれて夜行で信州や熱海、南紀などへ行く1泊旅行が人気を集めた」。同社常務の久住卓さんが話す。

1970（同45）年の大阪万博をきっかけにレジャーブームが到来し、家族旅行を楽しむ人が一気に増加。特に40〜50人集まると列車より安価なバス旅行に人気が集まった。「みなさん、ガイドと一緒に歌って楽しんでいました。まさに憩いの場でしたね」と、久住さん。

時代は変わり、今は、静かに窓からの眺めを楽しむ人が多く、中心は中高年女性の2〜3人グループだそうだ。座席は前後の間隔を広げてゆったりさせ、山陽自動車道や明石海峡大橋の開通などで四国、九州へとエリアも広がった。

「ぜひ行きたいと思うような場所を発掘して、紹介するのが私たちの役割」と久住さん。担当者は全国を飛び回る。

次の旅行はどこへ。その答えは一冊のパンフレットにある。日帰りで5千円前後からとある。「ぜひ活用してください」。久住さんが力を込めた。

（松井　元　2014年2月19日）

神姫バスツアーズ

神姫バス（姫路市）が旅行事業部を分社化して2012年に設立。資本金5千万円、従業員約90人。グループの観光バス約150台でバスツアーなどを行う。2016年3月期の売上高は9億7千万円を見込む。

あとがき

長年にわたって愛されるモノやサービス。売れ続けるための秘策は？　果たして共通点はあるのだろうか……。

そうした素朴な疑問から生まれたのが、神戸新聞の連載「ひょうごのロングセラー」です。２００９年10月から２０１６年３月までの６年半、地域経済面で紹介した地元ゆかりのヒット商品は計２１２に上ります。２０１２年秋に書籍化し、今回はその第２弾。「日本の縮図」ともいわれる兵庫県の多様性を実感するガイドブックとしても活用いただけると自負しています。

実は、前回の出版をもって新聞連載の終了が検討されました。「そろそろネタが尽きるのでは」との心配もありました。しかし、現場の記者たちは大反対。「掘れば掘るほど宝が出てくる！」というのです。その通りでした。２冊目を出すに当たって原稿を読み返し、この地の産業集積の厚みと裾野の広さを再認識しています。

どのロングセラーにも物語があり、込められた思いがあります。

「子どもが学校で線香くさいとからかわれる」。花の香りがする線香は、営業先でふと耳にしたこんな会話が誕生のきっかけでした。ふぐ好きの青果店主が「てっちりに合う、もっとおいしい味を」と試作を繰り返したぽん酢は、全国の百貨店に並ぶまでになりました。神戸の名だたる洋菓子メーカーが採用する高級薄力粉も、メードイン神戸です。戦後の食糧難下で独自の粉を開発し、会社の土台を築きました。ロングセラーを支えるロングセラーの存在を知り、新たな長寿品の胎動を期待するのは私だけでしょうか。

本書で取り上げた商品の共通項をあえて挙げれば、こつこつ、ときに大胆に、そしてたくましく――という作り手たちの姿勢です。顧客の声を聞いて地道に改良を重ね、伝統を守りつつ意識的に変化し、不況や災害といった逆境をバネにする。何より商品への愛情がこもっている。そこに買う側が共鳴するからこそ、ロングセラーに成長するのでしょう。

グローバル化がもたらす産業構造の変化は年々加速し、少子高齢化による国内市場の縮小や後継者難など、地域経済を取りまく状況は厳しさを増しています。残念ながら東京一極集中もやむ気配がありません。しかし、悲観しても始まりません。いま一度、足元を、地域を、じっくり見つめてみませんか。まだ気づいていない宝の原石が埋まっているかもしれません。本書が今を生き抜く何らかのヒントになれば、これほど嬉しいことはありません。

最後になりますが、取材に協力いただいた企業のみなさん、序文で兵庫に力強いエールを送って下さった日本総合研究所主席研究員の藻谷浩介さんに心よりお礼を申し上げます。

２０１６年10月

神戸新聞経済部長　小林　由佳

本書は、神戸新聞の連載「ひょうごのロングセラー」(2012年10月10日～2016年3月2日)を、一部加筆・修正してまとめたものです。本文中に登場する人物の所属・肩書などは原則掲載当時のままで、各記事の文末に記載した企業情報は2016年7月時点で確認できた最新のものです。

カバーイラスト　マツバラマサヒロ

ひょうごのロングセラー100

2016年11月7日　第1刷発行

編　者　神戸新聞経済部《こうべしんぶんけいざいぶ》
発行者　吉村一男
発行所　神戸新聞総合出版センター
〒650-0044　神戸市中央区東川崎町1-5-7
TEL 078-362-7140　FAX 078-361-7552
http://www.kobe-np.co.jp/syuppan/
編　集　のじぎく文庫
印　刷　株式会社 神戸新聞総合印刷

ISBN978-4-343-00914-2　C0050